不要让现在的习惯

毁了将来的成功

不论你在什么时候开始，重要的是开始之后就不要停止。

李菊／编著

不论你在什么时候结束，
重要的是结束之后就不要悔恨。

新华出版社

图书在版编目（CIP）数据

不要让现在的习惯毁了将来的成功 / 李菊编著. --北京 ： 新华出版社，
2016.7

ISBN 978—7—5166—2679—5

Ⅰ．①不… Ⅱ．①李… Ⅲ．①成功心理－通俗读物 Ⅳ．①B848.4-49

中国版本图书馆CIP数据核字(2016)第164012号

不要让现在的习惯毁了将来的成功

编　　著：李　菊

选题策划：许　新　　　　　　　　责任编辑：祝玉婷
封面设计：木　子

出版发行：新华出版社
地　　址：北京市石景山区京原路8号　邮　　编：100040
网　　址：http://www.xinhuapub.com
经　　销：新华书店
购书热线：010-63077122
中国新闻书店购书热线：010-63072012

照　　排：宇　天
印　　刷：永清县晔盛亚胶印有限公司
成品尺寸：170mm×240mm
印　　张：15　　　　　　　　　　字　　数：200千字
版　　次：2016年9月第一版　　　　印　　次：2016年9月第一次印刷

书　　号：ISBN 978—7—5166—2679—5
定　　价：36.80元

前 言

　　每个人做人做事的习惯都不一样。可以讲，每个人的习惯都各不相同，每个人都想靠自己习惯获得成功。无数事实证明，有些人就是太过于自信，相信自己能解决任何问题，但不知道这种想法往往都起不到任何作用。因此，他们总觉得离成功的目标不是越来越近，而是越来越远。

　　成功者之所以能够成功的理由很简单，正如韦尔奇曾经说过的那样："我成功，是因为我志在成功。"或许失败的原因我们可以找出很多，而要想成功，我们只有抱着"咬定青山不放松"的决心，向着成功的道路前进。有时候，周围环境对人的制约因素或许会很明显，但它绝不是一成不变的，我们完全可以通过改变自己的内心来战胜它，因此，客观的制约因素不应该成为我们失败的原因。

　　纵观古今那些有所成就的人，其实他们面临的困难并不比我们少，更多的人反而正是因为经受了我们无法想象的苦难，才最终成就了自己的人生。细究之下，我们会发现，在期间起微妙作用的，并不是他们有多么显赫的身世，也并不是他们有多么出众的才华，他们只是通过改变或者加强了自己内心的一些东西，比如以下九种习惯：

一、　敢于决断——克服犹豫不定的习性

二、　挑战弱点——彻底改变自己的缺陷

三、　突破困境——从失败中获取成功的资本

四、　抓住机遇——善于选择、善于创造

五、　发挥强项——做自己最擅长的事情

六、　调整心态——切忌让情绪伤害自己

七、　立即行动——只说不做，徒劳无益

八、　善于交往——巧妙利用人力资源

九、　重新规划——站到更高的起点上

或许许多人对此觉得难以置信，认为像成功这么一个艰巨的命题，怎么会如此容易就能完成？道理其实很简单，当我们去做一件事情的时候，如果从心里认为它不可能完成，结果就真的有始无终了；如果坚信自己一定能完成，通过不断地努力和摸索，然后便做到了。

当然了，任何一种习惯，都可以导致一种结果，但这个结果是不是最佳的结果，恐怕就很难说了。成大事者总是养成最好的习惯，能达到最完善的结果，这就是非一般人所能做到的。因此在成功之路上，你要想成大事，首先要解决的问题就是：培养你良好的习惯！

目　录

第一章　克服犹豫不定的习性

很多人之所以一事无成，最大的毛病就是缺乏敢于决断的勇气，总是左顾右盼、思前想后，从而错失成功的最佳时机。成大事者在看到事情的成功可能性到来时，敢于做出重大决断，因此取得先机。

第二章   彻底改变自己的缺陷

　　人人都有弱点，不能成大事者总是固守自己的弱点，一生都不会发生重大转变；能成大事者总是善于从自己的弱点上开刀，去把自己变成一个能力超强的人。一个连自己的缺陷都不能纠正的人，只能是失败者！

第三章   突破困境从失败中获取成功的资本

　　人生总要面临各种困境的挑战，甚至可以说困境就是"鬼门关"。一般人会在困境面前浑身发料，而成大事者则能把困境变为成功的有力跳板。

第四章　抓住机遇，善于选择、善于创造

　　机遇就是人生最大的财富。有些人浪费机遇轻而易举，所以一个个有巨大潜力的机遇都悄然溜跑，成大事者绝对不允许机会溜走，并且能纵身扑向机遇。

第五章　发挥强项，做自己最擅长的事情

　　一个能力极弱的人肯定难以打开人生局面，他必定是人生舞台上重量级选手的牺牲品；成大事者关键在自己要做的事情上，充分施展才智，一步一步地拓宽成功之路。

第六章　切忌让情绪伤害自己

　　心态消极的人，无论如何都挑不起生活的重担，因为他们无法直面一个个人生挫折，成大事者往往会调整心态，即使在毫无希望时，也能看到一线成功的亮光。

第七章　只说不做，徒劳无益

一次行动胜过百遍心想。有些人是"语言的巨人，行动的矮子"，所以看不到更为实际现实的事情在他身上发生；成大事者是每天都靠行动来落实自己的人生计划的。

第八章　巧妙利用人力资源

一个人不懂得交往，必然会成为阻碍人际关系发展的力量。成大事者的特点之一是：善于靠借力、借热去营造成功的局势，从而能把一件件难以办成的事办成，实现自己人生的规划。

第九章 站到更高的起点上

人生是一个过程，成功也是一个过程。你如果完成了小成功，就会推动大成功。成大事者懂得从小到大的艰辛过程，所以在实现了一个个小成功之后，能继续拆开下一个人生的"密封袋"。

第一章
克服犹豫不定的习性

很多人之所以一事无成，最大的毛病就是缺乏敢于决断的勇气，总是左顾右盼、思前想后，从而错失成功的最佳时机。成大事者在看到事情的成功可能性到来时，敢于做出重大决断，因此取得先机。

■ 立场要坚定

居里夫人说过："我们的生活似乎都不容易，但那有什么关系呢？我们必须有恒心，尤其要有自信心！必须相信我们的天赋是要用来做某种事情的，无论代价多么大，这种事情必须做到。"立场坚定是一切成功人士做事的根本。

坚定性是指为实现某一目标或目的而不屈不挠、永不服输的意志。任何事都不是一帆风顺的，多多少少都会遇到挫折，如果你一遇到挫折就退缩，那也肯定不会有太大的出息。成功，有时比的就是一种决心和耐力。

具有坚定性品质的人，都可以按照客观规律进行活动，而不为眼前的挫折所迷惑。因为在他们的心中，有坚定的信念做支撑。他们对自己总是充满信心，对生活总是充满希望。他们立场坚定，只要认准的事，就算遇到再大的阻碍也不会说放弃。当然，前提是他们的目标是正确的。如果明知自己的决定错误还要拼命坚持，那就变成执拗了。

一个人如果精神意志薄弱，一遇到困难就对自己产生怀疑，立场发生动摇，这样的人只会成为别人的跟随者，而不会有自己的主见。

我们在生活中总会发现这样的现象：在大量的亲密关系中，一方支配另一方的情况随处可见。处于支配的一方可能拥有显赫的地位或更高的收入，因此便将别人置于被支配地位。其实，造成这种现象最根本的原因还是因为人的性格，有的人性格坚定，而这种坚定性对性格软弱的人也会产生一定的影响，就像藤条一定要找坚硬的树木做支撑一样。而处于依赖的一方，随着时间的推移，其依赖程度会越来越强。天长日久，他们会慢慢以为自己不具备决断能力，而只能对别人俯首听命。

还有一种情况，就是这些人的自信心不够，意志不坚强，在经过一两次挫折之后就会对自我能力产生怀疑，思想发生动摇，最后，只能让自己找一种精神上的依靠，转而依赖别人。

其实，这两种情况对我们自身的发展都是不利的。如果你心甘情愿做个跟随者，那我们也没办法，如果你不想成为别人的影子，就必须要有自己的主见。

能成事之人，都是性格坚韧之人。他们对自己充满自信，意志坚定，对自己的立场从不动摇，遇到困难也绝不退缩。他们不畏惧困难，困难只会激起他们的斗志，而不会让他们沉沦。

许多满怀雄心壮志之人，都有这样的性格。所以，他们也总是能取得别人难以取得的成绩。如果你想成功，首先要敢想，其次要敢干，再要学会坚持。否则，就会像没有上足劲的钟表一样，只跑了一会儿，就会停下来。

坚持与固执又是不同的，我们一直都在警戒别人不要固执。成功者的秘诀就是：随时检视自己的选择是否有偏差，合理地调整目标，放弃所谓的固执，然后才能走向成功。

　　坚持，就是要坚定自己的信念。信念是一个人的精神力量，它支撑着我们的整个行为。心中有信念，就如同心中有磐石，再多的磨难，再大的风浪，也难以使你改变方向。当然，前提是你的信念必须是正确的，如果你非要冒天下之大不韪，那么无论你的意志有多坚定，恐怕最后也只能落得个死无葬身之地。

　　再者，就是提高自信心。自信心是我们的精神支柱。无论你理想的大厦多宏伟，如果没有它做支撑，最后也只会轰然倒塌。自信是做事之本。一个没有自信的人如同没有方向的浮萍，只能顺水漂流，随遇而安。拥有自信的人在面对困难时也会多一分从容，多一分淡定。

　　再就是，要有敏锐的判断力。敏是敏感，锐是锐利。仅有判断还是不够的，它还有一个前提，那就是判断正确。如果你反应快的结果仅仅是草率地做一个决定，那还不如慢条斯理来得可靠些。如果你终生抱着一个错误的决定而无怨无悔，并美其名曰有主见，那么无论你表面装扮得多么伟大也难以掩盖你内心的空虚。

　　所以，谨慎地做出判断。做出正确的判断之后，就要以信念为帆，信心为桨，向着自己的目标前进。无论如何，你都要学会坚定自己的立场，否则，你只能成为别人的一个跟随者。

■ 做事要当机立断

作为一个成功者，需要具备的素质很多，但是魄力是其中一个必不可少的条件。思虑周全自然是件好事，但正如人们所说的，过度理智就成了怯懦。当信息充足、时间充裕之时，我们用很多的时间，可以从容不迫地来让自己进行分析，研究战略战术。但如果是在信息不是很充分，时间很仓促，机会转瞬即逝的情况下，就需要我们有一种当机立断的勇气了。

提到三国，我们自然而然就会想到诸葛亮，他已成为智慧的化身，舌战群儒、巧借东风、火烧赤壁，他的智慧让后人敬仰不已。但是，如此有智慧之人也有失策的时候。229年，诸葛亮兴兵攻魏，令马谡为前锋，与魏军于街亭对垒。但马谡违背了诸葛亮的部署，最后失了街亭，使诸葛亮陷入被动之中，只好退兵汉中。史书上也就多了一段"孔明挥泪斩马谡"的情节。

马谡大意失街亭，自然让诸葛亮很恼火。此时，司马懿又率军在其后穷追不舍。在这种危急情况下，诸葛亮仍然保持着冷静的头脑。他明白以自己此时的实力，迎战司马懿无非以卵击石，毫无取胜的希望。若仓皇逃跑，定会引来司马懿的追杀，弄不好还会被擒。在此情况下，诸葛亮通过一番仔细地思考，迅速做出了军事部署：关兴、张苞各引精兵三千，急投武功山，并鼓噪呐喊，虚张声势；又令张翼引兵修剑阁，以备退路；马岱、姜维断后，伏于山谷间，以防不测。这时，城中已无兵马，而司马懿的大军又即将到来，诸葛亮只好铤而走险，令军士将所有的军旗隐匿，诸军各守商铺。再将城门大开，每一城门用二十军士，脱去军装，扮成平民百姓，手持工具，清扫街道。其他行人则自由出入，没有一丝紧张的表现。之后，自己身被鹤氅，头戴华阳巾，手拿羽扇，引二小童，于城楼之上抚琴，神态自若、安然自得。司马懿的前锋军队到来，但见城内没有丝毫动静，只有诸葛亮一人于城头之上抚琴，顿时丈二和尚摸不着头脑，不敢贸然前进。迅速回报司马懿，司马懿不信，令三军原地休息，自己飞马而来，果见诸葛亮独坐城头之上，焚香操琴，悠闲自在，丝毫没有恐惧和惊慌。司马懿以为其中必定有诈，于是引三军退去。诸葛亮便用空城计解救了自己和全城军民。

"空城计"是《三国演义》中最精彩的片段，任何人看到这儿也不得不拍案叫绝，为诸葛军师的智慧，更为他的勇气，当然还有他的魄力和胆量。也只有诸葛亮才会有这样的惊人之举，不用一兵一卒便退了司马懿的大军。

我们从诸葛亮身上学到的，不仅仅是他的那种智慧，还有他的那种当机立断的魄力。如果不是如此，他又如何能摆脱司马懿的纠缠，将自己从不利环境中解救出来？这就是一个成大事者所必备的一种素质。因为机会稍纵即逝，你在那里犹疑不决，只有让自己贻误时机，最后就算后悔也来不及了。当然，当机立断并非一种鲁莽，它是在经过充分的判断之后才作出的一种选择。当然，当机立断也包含着很大的风险性，如果失败了就可能意味着一无所有。而此时的情况也十分紧急，由不得我们用太多的时间去搜集信息、分析情况。这时，往往就需要我们冒一下险。

一个人只有学会当机立断，才能谋大事，也才能成大事。任何事都是带有一定的风险性的，如果你希望什么事都万无一失，那么最好的办法就是不做事。所以，让自己养成当机立断的性格，牢牢抓住时机，你才可以有所成就。

■ 拒绝拖延

从小，我们就有很多的梦想和希望。我们会用自己的头脑描绘着自己的未来，或许很荒谬但却色彩斑斓。但是，随着时间的推移，我们发现这些梦想、这些希望，如同美丽的肥皂泡，在飘荡了一段时间之后都一个个地破灭了。于是我们自嘲：做人还是现实一点好；人总是要长大的。其实，殊不知这正是我们的可悲之处。一个人不能实现自己的梦想固然可惜，如果被现实迷住了双眼，以至于连做梦的勇气都没有了，那才可悲呢！

当然，也不能一概而论，因为有些人的梦想就变为了现实，这让我们在感到安慰的同时，不禁扪心自问：到底是什么阻碍了我们的成功？

哈佛大学人才学家哈里克说："世上有93％的人都因拖延的陋习而一事无成，这是因为拖延会扼杀人的积极性。"如果把我们没有做成的事列出来，然后找一下原因的话，你可能会发现，我们之所以没有实现这些目标的最大原因不是因为困难的阻挠，而是因为我们根本就没有动手去做。人们总是说，最勤奋的是大脑，最懒惰的是双手。的确如此，大多数时间我们都是让自己在想，但却不让自己去做。这似乎成为人类的一个恶习，没有人可以克服它，只是有的人自制力更好一些。如果我们养成立即行动的习惯，那么我们的好多梦想、希望也许就不会远离我们而去。

我们可能都会有这样的体验：当我们烧一壶水时，哪怕水已经沸腾了，如果我们不继续加热的话，那么它很快就会停止沸腾，最后冷却下来。人类的热情也是如此，如果你只是将它撂在那里而不闻不问，那么，它自然也会慢慢冷却。所以，最好的办法就是：想到之后就要立即去做。

古希腊神话中，智慧女神雅典娜在某一天突然从宙斯的头脑中一跃而出，而且衣冠整齐，丝毫没有凌乱的迹象。同样，一个高尚的理想、美好的梦想在我们的头脑中诞生的那一刻也是完完整整的，但是随着时间的推移，它便会渐渐"氧化"，最后消失不见了。所以哪怕你的想法再高尚、再伟大，如果你不付诸行动，那么一切也只能付诸流水。

我们之所以不想去做，无非有两个原因：一是事情太难办，我们不想正面面对，于是便一拖再拖；二是认为事情不重要，再晚一点也没有关系，于是便搁置下来。我们都知道，做事一定要抓住关键，只有这样才会事半功倍。凡是那些令人感到棘手的事情，往往也是最重要的事情，是我们必须面对的。既然没有办法绕过，也就没有必要再去躲避了。而对于那些无关紧要的事情，如果真的没有必要，完全可以将其取消。如果取消不了，那就说明这是我们必须要做的，就没有必要再去拖延了，而是应该立即动手。如果太困难的事我们没有勇气去做，太简单的事我们又不屑去做，那我们索性什么都不要做好了。

某种高尚的理想、有效的思想、宏伟的幻想，往往也是在某一瞬间从一个人的头脑中跃出的，这些想法刚出现的时候也是很完整的。

但有着拖延恶习的人迟迟不去执行，不去使之实现，而是留待将来再去做。其实，这些人都是缺乏意志力的弱者。而那些有能力并且意志坚强的人，往往趁着热情最高的时候就去把理想付诸实施。

拖延的习惯往往会妨碍人们做事的能力，因为拖延会消灭人的创造力。其实，过分的谨慎与缺乏自信都是做事的大忌。有热忱的时候去做一件事，与在热忱消失以后去做，其中的难易苦乐相差很大。趁着热忱最高的时候，做一件事往往是一种乐趣，也是比较容易的。但在热情消失后，再去做那件事，往往是一种痛苦，也不易办成。

拖延不仅会挫伤我们的积极性，还会让我们遗失战机。恺撒与华盛顿两军对峙时，有人给恺撒报信说华盛顿已率军渡过特拉华河。但是恺撒却忙着和朋友们玩牌而把战报压在自己的口袋里。等他读完信才知大事不妙，赶紧去召集军队，但为时已晚，最后连自己的性命都赔上了。

因为拖延，我们已经让自己虚度了不少年华。如果你想成功，就必须克服这个毛病。古今中外，凡是有成就的人，都是与时间赛跑的能手。马克思说："我不得不利用我还能工作的每时每刻来完成我的著作。"他的头脑每时每刻都在思索着那深邃的问题。鲁迅在写《狂人日记》时，第一次用了这个笔名，当时有人问他原因，他说用这个名字的原因是取愚鲁而迅速之意。他认为自己天资不高，无论是做学问还是做事情，效率都赶不上天分较好的人，于是就只能以勤补拙了。而爱因斯坦当时在联邦专利局工作时，会利用三四个小时把全天的工作做完，然后便埋头于自己的实验，最后终于在自己研究的领域里取得了非凡的成就，开创了人类历史的一个新时代。像他们这样的伟人尚且如此珍惜自己的时间，更何况我等凡人，还有什么理由让自己的生命慢慢地消耗呢？

拖延会妨碍我们做事，也会妨碍我们的创造力。当我们的头脑中出现一个创意时，如果不及时将其记录下来，那么它就会慢慢变得模糊，最后分辨不清了。如果一个艺术家的头脑里突然出现一个奇妙的想法而未能及时地将其抓住，那么灵感也就会消逝，就算他再后悔也没有用了。

其实，不管什么事情，只要你去做，那么你也就成功了一半。人类的潜力是无穷的，它就像我们体内沉睡的一个巨人，而唤醒这个巨人的最好办法便是刺激。无法逾越的困难、艰苦卓绝的环境反而会将他惊醒。所以，当我们真正有勇气面对困难时，困难就不再是困难了。最重要的是你要让自己学会行动，那么你的梦想将不会再以空白而告终了，你的人生也不会再充满了遗憾，而你也不会让自己再生活在懊悔之中了。

人生伟业的建立，不在于能知，而在于能行。所以，让自己养成立即行动的习惯。立即行动，应贯穿于我们人生的每一个阶段，帮助我们去做那些想做却不敢做的事，对不愉快的工作也应马上行动，不再拖延。

无论现在如何，用积极的心去行动。只有学会立即行动，才可能将我们从拖延的恶习中解救出来。只有学会立即行动，我们的人生才不会再空虚。

■ 机遇在于把握

曹操东征刘备之时，人们纷纷议论，担心出师之后，袁绍会从后方偷袭，使得曹军进不能战，退又失去了依据的地盘。曹操说袁绍性情迟钝而又多疑，不会迅速来袭。刘备此时羽翼未丰，人心还未完全归附，此时攻打他，他必败。这是生死存亡的关键时刻，绝不能丢失时机。于是，决心出师东征刘备。

曹操出兵之后，袁绍帐下谋士田丰劝他道："虎正在捕鹿，应进入虎窝而扑虎子。老虎进不得鹿，退不得虎子。现在曹操东征刘备，国内空虚，将军若率军直指许昌，捣毁曹操的老窝，百万雄师从天而降，好像举烈火去烧茅草，又如倾沧海之水浇漂浮的炭火，能消灭不了他吗？兵机变化在须臾之间，战鼓一响，胜利在望，曹操听到我们攻下许昌，必丢掉刘备而返回许昌。我方在城内，刘备在城外攻打，反贼曹操的脑袋一定会悬于将军的战旗之上。若失去此时机，曹操归国后休养生息，积聚粮草，招揽人才，将会是另一种景象了。现在大汉国力衰微，纲纪松弛，以曹操凶狠的本性，用他飞扬跋扈的势力，放纵他虎狼的欲望，酿成忤逆的阴谋，到时就算有百万大兵，也难以取胜了。"袁绍听后，却以儿子有病为由而推脱掉了。田丰以拐杖击地叹道："遇到如此时机，却因为婴儿的缘故而失去了，可惜呀！"

俗话说：机不可失，时不再来。遇到机会，就要紧紧抓住，否则就算后悔，也已经来不及了。曹操之所以可以在乱世中崛起，成为一代枭雄，这与他善于抓住进取的机会是分不开的。

拿破仑·希尔告诉我们："机遇与我们的事业休戚相关，机遇是一个美丽而性情古怪的天使，她倏尔降临在你身边，如果你稍有不慎，她又将翩然而去，不管你怎样扼腕叹息，她却从此杳无音讯，不再复返了。"

在商业活动中，时机的把握甚至完全可以决定你是否有所建树，抓住每一个致富的机会，哪怕那种机会只有万分之一。这正如一位哲人所说："通往失败的路上，处处是错失了的机会。坐待幸运从前门进来的人，往往忽略了从后窗进入的机会。"

那么，如何才能抓住机遇，最好的办法就是自己去敲响机会的大门。为此，我要讲的下面的这个故事会告诉我们怎样来创造机会。

有一次，在西格诺·法列罗的府邸正要举行一个盛大的宴会，主人邀请了很多的客人来参加。就在宴会要开始的时候，负责餐桌布置的点心制作人员派人来说，他设计用来摆放在桌子上的那件大型甜点饰品不小心被弄坏了，管家急得不知怎么办才好。

就在西格诺府邸的管家急得团团转的时候，一位在厨房里干粗活的仆人走到管家的面前怯生生地说道："如果您能让我来试一试的话，我想我能造另外一件来顶替。"

"你？"管家惊讶地喊道，"你是什么人，竟敢说这样的大话？"

"我叫安东尼奥·卡诺瓦，是雕塑家皮萨诺的孙子。"这个脸色苍白的孩子回答道。

"小家伙，你真的能做吗？"管家将信将疑地问道。

"如果您允许我试一试的话，我可以造一件东西摆放在餐桌中央。"小孩子开始显得镇定了一些。

仆人们这时都显得手足无措了。于是，管家就答应让安东尼奥去试试，他则在一旁紧紧地盯着这个孩子，注视着他的一举一动，看他到底怎么办。这个厨房的小帮工不慌不忙地要人端来了一些黄油。不一会儿工夫，不起眼的黄油在他的手中变成了一只蹲着的巨狮。管家喜出望外，惊讶得张大了嘴巴，连忙派人把这个黄油塑成的狮子摆到了桌子上。

晚宴开始了。客人们陆陆续续地被引到餐厅里来。这些客人当中，有威尼斯最著名的实业家，有高贵的王子，有傲慢的王公贵族们，还有眼光挑剔的专业艺术评论家。但当客人们一眼望见餐桌上卧着的黄油狮子时，都不禁交口称赞起来，纷纷认为这真是一件天才的作品。他们在狮子面前不忍离去，甚至忘了自己来此的真正目的是什么了。结果，这个宴会变成了对黄油狮子的鉴赏会。客人们在狮子面前情不自禁地细细欣赏着，不断地问西格诺·法列罗，究竟是哪一位伟大的雕塑家竟然肯将自己天才的技艺浪费在这样一种很快就会融化的东西上。法列罗也愣住了，他立即喊来管家问话，于是管家就把小安东尼奥带到了客人们的面前。

当这些尊贵的客人们得知，面前这个精美绝伦的黄油狮子竟然是这个小孩仓促间做成的作品时，都不禁大为惊讶，整个宴会立刻变成了对这个小孩的赞美会。富有的主人当即宣布，将由他出资给小孩请最好的老师，让他的天赋充分地发挥出来。

西格诺·法列罗果然没有食言，但安东尼奥没有被眼前的宠幸冲昏头脑，他依旧是一个淳朴、热切而又诚实的孩子。他孜孜不倦地刻苦努力着，希望把自己培养成为皮萨诺门下一名优秀的雕刻家。

也许很多人并不知道安东尼奥是如何充分利用第一次机会展示自己才华的。然而，却没有人不知道后来著名雕塑家卡诺瓦的大名，也没有人不知道他是世界上最伟大的雕塑家之一。

所以说，机遇的出现，往往就是一刹那。机会的创造，有时只需要一点勇气，而且在它身上没有任何的标签，需要你自己去辨认。

首先，养成搜集信息的习惯。你只有掌握比别人更多的信息，才会从纷繁芜杂的各种情况之中比别人更好地发现机遇。当然，只有信息还是不够的，另外还要求你有很敏锐的目光，很强的判断力，可以从现象中发现本质的东西。

其次，有快速行动的能力。能否使机遇转化为你成功的资本，还要看你是否具备很强的行动力。你比别人更快，就能更好地抓住机遇。你总是在那里犹犹豫豫，那么机遇就会被别人抢去。所有的事情，都是以行动为基础的，没有行动，一切也都没有意义。

最后，有勇气及顽强的毅力。任何事情都有一定的风险性，在你执行的过程中也会遇到各种各样的困难。这时，要求你有面对困难的勇气以及顽强的毅力。否则，或许开始你会有不错的成绩，但是却不能长久地维持下去。而抓住机遇在某种程度上靠的也是一种勇气和魄力。

机会需要我们自己去创造，机遇却需要我们来等待。我们必须悬钩以待，时时提高警惕，否则，不经意间，大鱼便溜走了。

■ 踏实做事

现实是理想的基础，人类的梦想只有根植于现实的土壤里才能开花结果。这就要求我们脚踏实地，养成踏实的习惯。

踏实是做事的根本，否则，再好的梦也都会成为空中楼阁。踏实不是被动地等待，在通往成功的路上，你只有比别人更快地抓住机会才能取胜。踏实可以让我们学会珍惜眼前的每一次机会，也是让我们每天前进一点点。不积跬步无以至千里，不积小流无以成江海。踏实就是让我们学会一步步地走路，一点点地积累。不要小看这一点点、一步步，量变的结果最终会导致质变，正是因为大多数人不懂得一点一点地积累，所以才难以抵达成功的彼岸。

踏实不等于单纯的恭顺忍让。没有一种行动可以让我们看到未来的成败，而人生的妙处也正在于此。如果你开始就知道生命的结局，那么人生便会如一杯白开水那样索然无味。踏实的人，并非没有梦想，与众不同的是，他们会用自己的汗水来浇灌梦想，所以，也往往只有他们的心灵花园会开出美丽的花朵。

只是踏实的人往往会给人一种墨守成规的印象，认为他们是"死脑筋"，循规蹈矩，缺少创新，不敢冒险，不敢接受挑战。其实这是一种误解。我们做什么事都要立足于现实，而踏实就是要我们学会认识现实、尊重现实。当然，我们不否认，的确有些人为了不让自己犯错误，避免损失而错失了不少机会。但那却不是踏实的代名词，更不是我们所教导的"做人要踏实"的真正含义。

我们在生活以及工作中，总会多多少少遇到一些不可回避的事，也总是会犯一些或大或小的错误。但是，每一次我们都要从中走出来，只有走出低谷，才能到达新的高峰。踏实，就是要我们学会一步步地走路，要我们学会依靠自己的力量，而不是等着那远在天边的直升飞机。踏实，从某种意义上来说就是一种坚持，一种耐心的等待。等待也并非是守株待兔，而是能够耐住寂寞，走过黎明前最黑暗的那段时光。

有人往往会打着踏实的旗号而许久地在一个地点长时间地徘徊，经过很长时间也没有进展。这在很大程度上是因为他们心中并没有一个清晰的目标。如果你的心中没有目标，那么踏实地等待就意味着死亡。踏实并非日复一日地重复，而是不断地脚踏实地、扎扎实实地从一个目标冲向下一个目标，不停地前进。

我们的未来就是我们头脑中出现的那幅图，我们会根据这幅图来确定自己前进的方向，而使我们将这幅图由想象变为现实的一个条件就是脚踏实地地工作。这是我们通向成功路上的阶梯。没有它，梦想只能是梦想，永远不会成为现实。如何能脚踏实地呢？让我们记住以下几点：

（1）积极地收集和掌握大量的信息。要想做到脚踏实地，就必须对现实有一个清楚、正确的认识。尤其是现在，信息以及技术的更新速度惊人，周围的世界也在以一个极快的速度向前发展。如果我们的认识只停留在以前的基础上，就难免会有偏差。而一个人只有对现实有一个清楚的了解，才能从实际情况出发，来制定自己的目标和策略。

我们应该尊重现实，但是却不应拘泥于现实。否则，现实就会成为我们前进的一种羁绊。这就要求我们在立足现实的同时要勇于进取，勇于创新，而这个过程又是一个搜集信息的过程。只有信息充足，那么你制定的策略才会更加科学，才能保证你按照正确的道路前进。

（2）培养把握机遇的灵感。机遇往往是可遇而不可求的，当它到来时我们一定要紧紧地抓住。这就要求我们要具备一双慧眼，在它到来时能够准确地识别。

把握机遇的灵感也是要经过一定的培养的，首先要具备大量的信息；其次要有很敏锐的洞察力；最后是对事物的发展规律要有一定的认识。一个人只有抓住机遇，才能在激烈的竞争中脱颖而出。

（3）学会创新。创新以现实为基础，但又需要跳出现实，使现实在一定的基础上得到升华、得到提升。而尊重现实的最终目的也是从现实的基础上实现突破以达到创新。两者是相结合的、不可割裂的。

（4）制定清晰的目标。目标是我们前进的方向，一个人只有确定了明确的目标，才会减少行动的盲目性。重要的是，当我们在制定目标时，一定要从自身的实力以及周围的情况出发。如果我们忽略客观，就会脱离实际，不但难以达成目的，还会挫伤自身的积极性。

（5）及时总结经验和教训。踏实并非与错误、困难绝缘，那样只会让我们畏首畏尾，当然也并非摔的跟头越多越好。如果我们不能及时总结经验，吸取教训，那么也不可能得到进步和提高。

我们只有学会从现实出发，在现实的基础上锐意进取，才能获得成功。

■ 学会应用以迂为直

曲则全，枉则直。有时不能直接达到目的，就要学会应用以迂为直的策略。就像我们开车时，前面堵了路，只能绕路而行一样。

学会绕弯不是没有原则，而是用另一种办法来实现我们的原则。如果你不知换种方式，不但可能达不到目的，反而容易让自己撞一鼻子灰。所以，不妨从另一个侧面出发，来个"曲线救国"。

春秋时的齐景公是继齐桓公之后的另一位明主。当时，辅佐他的就有历史上著名的政治家——晏婴，也就是我们通常所说的晏子。

一次，有一个人得罪了齐景公，齐景公大发脾气，命令手下人把这个人抓来绑在殿下，然后"肢解"。"肢解"是我国古代的一种酷刑，就是将人的头、手、脚以及躯干一节节地分开，非常残酷。当时，有人想要劝谏，但齐景公正在气头上，下命令任何人都不可以谏阻这件事，否则处以同样的刑罚。也就是说劝谏的人同样要受到肢解的命运。于是周围的人一个个吓得闭口不言。当时，等级制度森严，君王所说的话当然就是法律。晏子听完之后，把袖子一卷，拿起刀，一副气势汹汹的样子。他一手揪住犯人的头颈，然后拿起刀在自己的鞋底下磨了又磨，做出一副杀此人以为大王出气的样子。但是半天，却没有动手。他慢慢抬起头，望着端坐在上面正在发脾气的齐景公问："大王，我看了半天，也不知该从哪儿下手。好像历史上记载尧、舜、禹、汤、文王这些贤明的君主，在肢解杀人时没有说先砍哪一部分。请问大王，对此人应该从哪里砍起才能做到像尧、舜一样地杀得好呢？"

齐景公一听，立即觉醒，意识到自己如果想要成为一个贤明的君主，就不能用如此残酷的杀人方式。于是便对晏子说："放掉他吧，我错了！"

在这里，晏子就用了"曲线救国"的方略。此时齐景公正在气头上，如果直言相劝，不但达不到效果，自己还会受到牵连。若据理力争，可能还会火上浇油。所以不如先顺着齐景公的性子，然后再让齐景公知道以他的方法来处决人所带来的后果。也就是让齐景公自己认识到自己的错误。

采用迂回策略的好处就在于可以麻痹别人，当其一时疏忽之时，再乘虚而入，如此便可将其攻下。

孟尝君的大名想必大家都知道。他是齐国的名门望族，曾几度出任相职，在当时齐国是个实力派人物。他手下的门客也很多，但就是这个孟尝君，有一次也遇到了麻烦。一次，他与齐湣王意见不合，一气之下，辞去相职，回到了自己的封地薛。

薛地只是一弹丸小地。而与薛相邻的楚国此时正虎视眈眈地要伐薛。这让孟尝君陷入了进退两难的境地。因为以薛的实力，根本就不可能与楚国抗衡，唯一的办法就是向齐求救。但他刚刚与湣王闹翻了，不好意思去求他，就算去也怕湣王不答应。此时，正巧齐国大夫淳于髡前来拜访。他奉湣王之命前去楚交涉国事，归途顺便来访。孟尝君得知，喜出望外，因为淳于髡天资聪颖，常为诸侯效力，与齐王室关系也很密切。而与自己也颇有深交，此次前来，真是天助我也。于是亲自到城外迎接，并设盛宴款待。

孟尝君也并不掩饰，开口直言相求，请淳于髡出面救他。而对方回答得也很干脆，答应帮他。

且说淳于髡回到齐国后，面见泯王。见到泯王之后，并未提救薛之事。泯王问他楚国现在有何情况。淳于髡回答说："事情很糟。楚国太顽固，且自恃强大，以强凌弱。而薛呢？也不自量力……"

泯王一听，随口又问："薛又怎么样了？"

淳于髡道："薛对自己的力量没有正确的认识，没有远虑，建了一座祭拜祖先的寺庙，且规模宏大，但却没有考虑到自己根本就没有保护它的能力。若楚军攻击这一寺庙，不知后果如何。所以我说薛自不量力，楚又太顽固。"

泯王大惊："原来薛有那么大的寺庙。"随即下令派兵救薛。

守卫、保护祖先的寺庙，是各国君主最大的义务。因此，这时，泯王也就忘记自己与孟尝君个人之间的恩怨了。自始至终，淳于髡没有一处提到救薛，但是最后却达到了目的，令泯王自己发兵。而救寺庙也就意味着救薛，救薛也就意味着救孟尝君。淳于髡就用这种办法达到了自己的目的，手段之高，不得不令人佩服。

当我们在生活中遇到类似的情况时，不妨也学会多应用迂回策略，这样往往会取得更好的效果。

■ 做事分清主次

我们上学时会经常发现一些学习好的学生并非天天坐在那里死读书，他们往往对其他方面也很感兴趣，多才多艺，爱好广泛。而一些看上去很认真的同学，成天在那里埋头苦读，但是成绩却不甚理想。原因何在？我们不否认，其中有天分的成分存在，但是，还有一点就是，成绩好的同学更讲究方法，知道如何使自己的学习更有效率。而成绩不好的同学也并非不用功，只是他们的学习方法不对。

学习，靠的是效率，而不是时间。聪明的同学会在最短的时间内让自己记住最多的知识，他们的注意力往往非常集中，反应问题也很快。而那些用功但成绩却不好的同学上课时反而会开小差，然后再花费大量的课下时间去补习，功夫费了不少，但效果却不怎么明显。

所谓的效率，就是在最短的时间内做最多的事，不仅仅是学习，在生活以及工作中也是如此。而提高效率，最重要的就是要分清轻重缓急。任何一件事，其各种因素中肯定有主要部分和次要部分，只要你能抓住主要部分，那么就等于抓住了事物的关键。而如果不分主次，眉毛胡子一把抓，力气倒是费了不少，但是结果却差强人意，就像不会学习的学生，花了不少时间，成绩却不甚理想一样。

如果你想在最短的时间内做更多的事，那就一定要抓住重点。有一次，一家公司的经理前去拜访卡耐基，见到他干净整洁的办公桌很是惊讶。他问卡耐基那些没有处理完的信件放在哪里。卡耐基说他把所有的信件都处理完了。

这位经理感到很惊讶，又问他那些没有处理的事情推给谁了。卡耐基微笑着回答："我把所有的事情都处理完了。"他看到那位经理满脸困惑的样子，接着解释说："原因很简单，我知道自己处理的事情很多，但精力却有限，于是就按照所处理的事情的重要性列一个顺序表，然后一件件地处理。"

这位经理听后，对卡耐基表示了感谢。几周之后，这位经理请卡耐基参观他的办公室，并对卡耐基说，以前他的办公室里各种要处理的文件堆得如同小山一样高，一张桌子都不够用。而自从他用了卡耐基教授的方法以后，再也没有那种现象了，因为每次他都可以把自己的事情处理完，所以现在，他的办公室也变得宽敞又整洁了。这位经理学会了这种处理事务的方法，并将其应用到工作中，结果没几年，他便成为美国著名的成功人士。

人与人之间的贤愚差异并不在头脑，而在于能否有洞悉事物轻重缓急的能力，只要抓住做事的关键，就会事半功倍。但是，我们大多数人却没有这样的习惯，在我们的头脑里，做事有效率就是在最短的时间内做最多的事，哪怕那些事都不重要。

如今，越来越多的人谈到"时间管理"，也就是如何才能充分利用我们手中的时间，如何提高时间的利用率。这也就要求我们做事一定要抓住关键。但是，我们大多数人却往往相反，把关键的事留在最后去做。原因是越是关键的事，在处理时一般也越棘手，所以我们便一拖再拖。这完全是一种自欺欺人的做法，因为无论如何，那些事都是我们所必须做的，也是躲不掉的，所以还不如提前将其解决。

但是，事情往往纷繁复杂，我们又如何来分清哪些是主要，哪些是次要呢？一般情况下，有两个判断标准：

其一，我们必须做什么？

这里面又有两层意思：是否必须做，而且必须由自己来做；还是非做不可，但是可以委派他人去做，而自己只负责监督就够了。

其二，什么能给我带来最大的利益，什么让自己最有成就感？

分清了这一点，就可以来合理分配时间。将自己80％的时间用来做能给自己带来最大利益的事，用20％的时间来做其他的事。给自己带来最大利益的，也未必能让自己得到最大的满足，只有均衡和谐才能带来满足。如果所有的事都经过这样的分解，那么工作就再也不会是一件让人头疼的事，而成为一件充满乐趣的事了。

俗话说，打蛇打七寸。做事，也一定要做在点子上。凡事分清主次，合理分配时间，你才能取得最大的成绩。

■ 找准自己的位置

无论做事还是做人，我们都要学会找准自己的位置。一个人要想成功，就必须做他最擅长的事。如果你去做自己不擅长的工作，那么就算你费尽心机和力气，也顶多是不被别人落下太多，而很难出类拔萃。所以，聪明人总会做自己最擅长的事。

西方有这样一首诗：

动物明白自己的特性，熊不会尝试飞翔。驽马在跳过高高的栅栏时会犹豫；狗看到又深又宽的沟渠时会转身离去。

但是，人是唯一一种不知趣的动物，受到愚蠢与自负天性的左右。对着力不能及的事情大声地嘶吼——坚持下去！

出于盲目和顽固，他荒唐地执迷于自己最不擅长的事情，使自己历尽艰辛，然而收获甚微。

所以，我们要学会找准自己的定位，不要让自己在一个不适合自己的位置上荒废了一生。

因为没有找准自己的位置而让自己的才华埋没的人不在少数。南唐后主李煜，他的词婉约细腻，清丽脱俗，许多作品留传千年而仍不失异彩，其文学造诣也深为后世所惊叹。但是，生性懦弱的他却成了南唐的国君，结果，懦弱的性格不但使他失去了自己的国家，也赔上了自己的一条性命。

在第二次世界大战时主持美军陆军精神病研究工作的著名精神病专家威廉·孟宁吉博士说："我们在军队中发现了挑选和安排工作的重要性，就是说要使适当的人去从事一项适当的工作……最重要的是，要使人相信他的工作的重要性。当一个人没有兴趣时，他会觉得自己被安排在一个错误的职位上，他便会觉得自己不受欣赏和重视，以为自己的才能被埋没了。在这种情况下，他若没有患上精神病，也会埋下患精神病的种子。"的确，一个人应该从事与他的性格、爱好以及特长相符的工作。比如个性刚强好斗之人应该选择军界或政界；个性柔弱、敏感而多情者应该选择文学或艺术；头脑精明、善于盘算之人则比较适合经商；活泼外向之人可从事公关或销售；而性格内向之人则适合文书类的工作。一个人，只有找到了自己的正确位置，工作起来才能得心应手，才能充分发挥自己的特长，也才能取得一定的成就。那么，我们如何来给自己进行正确的定位呢？

首先，认识自己的性格。所谓性格，就是人的个性心理特征的重要方面。每个人的性格，都是一个构造独特的世界。一个人，只有适应这个世界，才能得到健康的发展。人都是自己的主人，因为我们可以支配自己的思想，而思想又可以带动我们的行动。决定我们思想的，是我们内心所潜藏的一种力量。这种力量，就是性格。所以，归根结底，性格决定着我们的人生。但是，性格是一个复杂的系统，形成这个系统的各种因素都有自己独特的排列和组合方式。而且，我们的性格也并非一成不变，它会随着我们周围的环境、我们对自身的认识以及修正而不断改变，甚至在每一个历史阶段，它也是不同的。但是，尽管如此，我们还是可以找到一种规律。因为，性格具有很大的稳定性，因为它里面包含有遗传因素。我们所做的，就是要认清自己的性格，然后根据性格来进行定位，只有这样才能使我们的内在世界与外在世界获得统一，才能给自己进行正确定位。

其次，分析自己的特长。分析完自己的性格，我们接下来要做的就是分析一下自己的特长。上天在我们每个人的身上埋藏下一笔财富，这就是我们的天赋。我们只有将其充分开发出来，才能取得辉煌的业绩；否则，就只能把它带进坟墓。一个人，如果想出类拔萃，就应该从事自己最擅长的事。往往自己最擅长的，也就是我们的兴趣所在。一个人只有从事自己感兴趣的事，才会爆发出激情，也才会事半功倍。可是，我们人类却总自以为是。因为我们有智慧，我们用智慧征服了大自然，成为这个星球上的主人，于是我们认为自己无所不能，在我们并不擅长的领域里摸爬滚打，不但让自己身心俱疲，还浪费了不少的宝贵时光。著名诗人歌德就曾因为一度没能认清自己的特长而让自己浪费了十多年的宝贵时光。

导致人们不成功的原因很多，但是其中最重要的一个原因就是因为没有找到自己的位置，没能认清自己的特征，以致在一个并不适合自己的位置上浪费了不少的光阴。特别是作为年轻人，很少意识到这个问题的重要性。如果我们不能及时转变这种观点的话，就会让自己走许多的弯路。所以，学会找准自己的位置，这样你才能够收获成功。

第二章
彻底改变自己的缺陷

　　人人都有弱点，不能成大事者总是固守自己的弱点，一生都不会发生重大转变；能成大事者总是善于从自己的弱点上开刀，去把自己变成一个能力超强的人。一个连自己的缺陷都不能纠正的人，只能是失败者！

■ 懂得反省自己

　　大多数人不太了解自己，他们不了解自己的潜力有多大，不了解自己要的是什么，不了解自己的优缺点。有的人不知道自己的能力在哪里，将自己放错了位置，导致一直无法充分发挥自己的优点。有的人总是埋没自己，认为自己能力不足，其实，只要时时不忘反省自己，我们就能打开人生的智慧之门，进入人生的更高境界。

　　18世纪法国伟大的思想家、文学家卢梭，他在少年时，曾经将自己极不光彩的盗窃行为转嫁在一个女仆的身上，致使这位无辜的少女蒙冤受屈，并被主人解雇。后来就是因为这件卑鄙龌龊的行为，使他深深地陷入痛苦的回忆中。他说："在我苦恼得睡不着的时候，便看到这个可怜的姑娘前来谴责我的罪行，好像这个罪行是昨天才犯的。"

　　后来，卢梭在他的名著《忏悔录》中，对自己做了严肃而深刻的批判。他敢于把这件难以启齿而抱恨终生的丑事告诉世人，这也显示了他勇于忏悔的坦荡胸怀和不同凡响的伟大人格。罗曼·罗兰曾说："在你战胜外来敌人之前，先得战胜你内在的敌人；你不必害怕沉沦与堕落，只请你能不断地自省与更新。"

　　一般来说，能够时时反省自己的人，是非常了解自己的人。他们会时时考虑：我到底有多少力量？我能干些什么事？我的缺点在哪里？我有没有做错什么？……这样一来，他们能够轻而易举地找出自己的优点和缺点，为以后的行动打下基础。

要在比较中进行反省。比较可以带来进步，但比较前要先了解自我，从而认清自我。否则，比较之后只是一味地模仿别人，最后也只能落得个"自我"的虚名而已。

现代社会的一大弊病，就是以自我为中心，生活中的许多麻烦也正是由此而造成的。如果我们每个人都能站在他人的角度，来反省我们自己，社会可能要纯净、美丽许多。

金无足赤，人无完人。人活在世上，谁都难免有这样或那样的缺点和错误，谁都难免有丑陋的一面。就连爱因斯坦都宣称，他的错误占90%，那么我们普通人身上的错误就更不用说了。

我们每个人都要经常反省自己，取出自己的"心"，一再地审视它，这样才能真正了解自己。古今中外，许多伟人和智者，就是通过反省来战胜自己内在的敌人，打扫自己思想灵魂深处的污垢尘埃，减轻精神痛苦，从而净化自己的精神境界。

廉颇负荆请罪的故事，相信对于大家来说都是耳熟能详的：

秦昭襄王派兵侵入赵国边境，占领了几个城池。为了使赵国屈服，他后来又耍了个花招，请赵惠文王到秦地渑池去会见。蔺相如同赵惠文王一块儿赴约，廉颇在本国辅助太子留守。

蔺相如不辱使命，保全赵国的尊严，立了大功。赵惠文王拜他为上卿，地位在大将廉颇之上。

廉颇很不服气，私下对自己的门客说："我是赵国大将，立了多少汗马功劳。蔺相如有什么了不起？倒爬到我头上来了。哼！我见到他，非要给他点颜色看看。”

这句话传到蔺相如耳朵里，蔺相如就装病不去上朝。

有一天，蔺相如带着门客坐车出门，老远就瞧见廉颇的车马迎面而来。他连忙退到小巷里去，让廉颇的车马先过去。这一举动，使他手下的门客感觉受到了侮辱。

蔺相如对他们说："你们看廉将军跟秦王比，哪一个更厉害呢？"

门客们说："当然是秦王。"

蔺相如说："对呀！天下的诸侯都怕秦王。为了保卫赵国，我就敢当面责备他。怎么我见了廉将军反倒怕了呢？因为我想过，强大的秦国不敢来侵犯赵国，就因为有我和廉将军两人在。要是我们两人不和，秦国知道了，就会趁机来侵犯赵国。为了赵国的利益，我宁愿容让点儿。"

有人把这件事传给廉颇，廉颇感到十分惭愧，自己和蔺相如同为赵国的柱石之臣，可是自己却只是为了自己的私利而斤斤计较，蔺相如却是那样的大度，这就愈发使他感觉到惭愧了。于是他就裸着上身，背着荆条，到蔺相如的家里请罪。他见了蔺相如说："我是个粗鲁人，哪儿知道您竟这么大仁大义，我实在没脸来见您。请您责罚我吧。"

蔺相如连忙扶起廉颇，说："咱们两个人都是赵国的大臣。老将军能体谅我，我已经万分感激了，怎么还来给我赔礼呢？"

从这以后，两人就成了知心朋友。廉颇这种知错能改的胸怀，历来为人们所传颂。

让我们再来看看婴孩出生时，那双清澈透明的眼睛吧，那里面所映射的天地间的任何事物，都是珍贵无比、难以得到的宝贝。但是日复一日、年复一年，我们的眼睛开始蒙尘，同时心灵也堆满了尘埃。每天给我们自己安排一段冥想的时间，对自己的一言一行进行反省，我们就会扫除思想上的尘埃，减轻心灵的痛苦。

■ 克服嫉妒心理

我们每个人都要培养达观的人生态度，正确对待自己或他人的长处和短处。其实这世界上的万事万物不可能平均发展，社会上不存在绝对的平均。对此，我们必须有清醒的认识。面对那些自己觉得有失公允的事情，我们要努力调整自己的心态，树立起竞争心理，通过自己的不断努力，寻找一切机会表现自己，与先进人物一起共同前进。

从前有一个农夫，每当他上地里干活看到邻家地上的庄稼长得绿油油的，就气不打一处来。回到家里，他又听见邻家院子里面成群的牛羊的叫声，他的心里就更加难受了。其实，农夫自己地里的庄稼也是长势很好的，而且他们家里的牛羊也都是很肥壮的。但是农夫却总是觉得比较之下，还是邻居的庄稼和牛羊更好一些。因此，他时常一个人在背地里暗暗地向天神祈祷，希望灾祸能够降临到邻居家身上。

终于在一天夜里，农夫在祈祷的时候遇见了一个女妖。这个女妖送给了农夫一个贝壳，并且还对他说："执着的人啊，这个贝壳可以实现你的心愿。但是你要记住，那就是你首先损失了什么，那么你的邻居也会和你一样啦。但是，你千万要记住一点，那就是千万不要把贝壳摔碎了，否则邻居所损失的东西会全部恢复回去啦。"说完，女妖化作一团烟雾消失了。

农夫拿着贝壳，脑海里出现了邻居家那绿油油的庄稼，"我要庄稼全完蛋。"他咬着牙说。

第二天一早，他到地里一看果真自家和邻居家的庄稼都枯死了。农夫觉得很满意。可是就在他回家的时候，他又看见了邻居家的牛羊，农夫心里的妒忌之火瞬间燃烧起来，"我让牛羊全完蛋。"农夫跺着脚说。瞬间，农夫和邻家的牛羊也都死光了。

就这样，农夫每发作一次，他的邻居也就跟着遭殃一次。直到最后，农夫自己也变得一贫如洗了。但他觉得邻居所受的灾难还是不够多，可他自己也没有什么可以和邻居同归于尽的东西了。农夫彻底绝望了，"让我去死吧！"他歇斯底里地大吼一声便一头撞向屋内的柱子，顿时气绝身亡了。可是这回贝壳却没有显灵，邻居也没有死。不仅如此，农夫手里的贝壳也掉在地上摔碎了，邻居家以前损失的东西又全都返回来了。嫉妒，它是人类的天性。嫉妒是对他人的优越地位不满，而在心中产生的不愉快的情感。每个人的一生，都曾经遭遇或心怀嫉妒。与动物相比，人类对于嫉妒有着更强的易感性。嫉妒是一种令人痛恨的情绪，它郁积在内心，会对自己的心灵造成折磨和伤害，而发泄出来，又会对他人造成攻击和中伤。

在基督教中，嫉妒和傲慢、暴怒、懒惰、贪婪、饕餮以及淫欲被列为人神共诛的"七宗罪"。在伊斯兰教中也有"嫉妒吞食信仰，如同大火吞食木头"等类似的描述，可见在劝人向善的教义里，嫉妒永远都是这样一副丑陋的面孔。英国诗人、剧作家、文学批评家约翰·德莱顿称嫉妒心为"心灵的黄疸病"。

所以你必须要对嫉妒这一情感引起足够的重视。如果你产生了嫉妒的心理，也用不着太紧张，因为嫉妒是可以化解的，只要我们不为一时的痛快，不为一时的宣泄，自然会放下嫉妒的包袱，你会发觉自己的步子更加轻松而愉悦。

嫉妒就其本质来说，是一种隐秘而微妙的情感，是一种承认自己被别人挫败后的反应。那么嫉妒心理到底是怎么产生的呢？

嫉慕，对别人的成功或成就产生羡慕之情，对自我则表现出羞愧的心理。

嫉怨，认为别人的成功威胁到自己的成功或利益，大有"既生瑜何生亮"的感慨。于是希望看到别人的失败，并为此感到幸灾乐祸。

嫉恨，指嫉妒心极度膨胀而采取报复性的侵害嫉妒对象的变态行为。

大体上，嫉妒基本会经历上述的几个阶段，而且越到后面，其所造成的负面影响也就越大。

既然嫉妒有如此大的危害性，那么在生活中间，每当我们妒火中烧的时候，我们应该采取什么样的有力措施，最大限度地降低这种不良影响所带来的危害呢？

首先，你应该树立正确的竞争观念。长期以来，我们为社会上存在的"不患寡而患不均"的绝对平均主义思想支配着，这是产生嫉妒心理的社会因素。在市场经济的浪潮中，营造良好的社会竞争环境，以竞争环境来疏导嫉妒心理，树立良好的社会风气，营造一个和谐的社会环境，从而使嫉妒之风彻底失去它生存的土壤。只有人人都置身在这样一个公平合理的竞争环境，就可以让大家都能接受"合理被别人超越是一件极其自然的事情"这样的心理。在这种心理的支配下，人人都会对自己有一个清醒的认识，便不会再怨天尤人，更不会有嫉妒的心理产生了。比如烈日下汗流浃背的建筑工人，不会嫉妒办公室里的建筑工程师；兢兢业业的清洁工不会嫉妒西装革履的经理人。

另一方面，对于那些暂时在某一个行业或领域内的领先者来说，必须要有"人事有代谢，往来成古今"的这种气度。必须时刻清醒地认识到，世上万物是不断发展变化的，任何业绩都会随着时间的推移和条件的变化而变化，纵使原来先进的东西，也必然将被更先进的东西所代替。那种企图在某一领域永远当权威的想法，根本就是错误的，也是根本就办不到的。再看看那些智者，在他们功成名就之后，他们甘当后起之秀的人梯，帮助他人获得成绩，或者干脆超过自己。这才是那些大学者、权威们应有的风度和胸怀。他们这样做，非但没有损害自己，反且愈显得高尚和伟大，其声誉日隆，更加受到人们的钦佩和称颂。

就像我国著名的围棋名将聂卫平，他在一次全国围棋比赛中，败给了后起新秀。事后他写了一篇文章，题目就叫《没拿冠军，我也高兴》。为什么会这么说呢？聂卫平有他自己的想法："当年我们脱颖而出，超过了老一代棋手，今天小将又战胜我们，过一段时间，又有新的新秀战胜他们。这正是我国围棋事业兴旺发达的标志。"作为大师级的人物，聂卫平能够坦然面对击败自己的对手，赛后还写文章予以鼓励，可以说他的眼光是非常长远的，他的做法更是值得很多人学习的。

其次，克服嫉妒心理，这就要求对自我期望值不要过高。尤其是那种不切实际的奢求，过高的期望值，它们往往是不能轻易达到的，这反而更容易产生嫉妒心理。所以我们在订立目标之初，一定要冷静而客观地衡量自己，掂一掂自己的分量，力求从自己的实际出发，不可过高地要求自己。当经过努力，却没有达到既定目标的时候，也不要气馁。你所应当做的，是要认真地总结经验教训，把目标修订得更切合实际一些，切不可对那些超过自己实现目标的人嫉妒起来，或者干脆做些有损他人的事，这样既对他人不利，对自己又能带来怎样的好处呢？

春秋战国时期的兵法家孙膑，他就有这样一位嫉妒心很强的同学，名叫庞涓。他们一同在鬼谷子门下学习兵法。庞涓气量很小，当他得知孙膑是吴国大将孙武的后代，并且还有祖传的《孙子兵法》的时候，就更加嫉妒孙膑。于是，庞涓设下陷阱，剔去了孙膑的两个膝盖骨，使得孙膑成了一个残疾人。后来庞涓在与孙膑的战斗中兵败自杀。由此可见，嫉妒之害可谓大矣。

最后，我们要学会自我控制，保持心理上的平衡。实际生活中，嫉妒多是因为人们只看到了别人幸运的一面，而没看到别人的困境。就像穷人嫉妒富人的财富，而富人则嫉妒穷人的健康；青年人会嫉妒成年人的权力，而成年人则嫉妒青年人的活力；一个丈夫事业有成的女人，会嫉妒别人有个关心妻儿的好丈夫，而后者则嫉妒别人的丈夫有权有势。所以只有设身处地地多想想别人的痛苦，你就会自然减轻自己的嫉妒心理了。罗马哲学家及诗人留克利希阿斯说过："当狂风使大海不断翻腾时，如果从陆地上看看人们在海上何等艰难地挣扎，你会感到非常甜蜜，这并非幸灾乐祸，而是因为当人们知道自己很安全时，就会感到幸福。"所以，一个人只有通过冷静地思考，准确地分析自己，慎重对待成功与失败，才能使自己从嫉妒的心理中解脱出来。事实也证明了，有效地自我抑制，对于克服嫉妒是非常有效的一种手段。

■ 接受他人的批评

一般人都是害怕受到批评，在他们看来遭到批评就是对自己能力的否定，从而在面对批评时，总是想要规避它、制止它。其实我们为何不能心胸更加宽广一些呢？清楚记下自己做过的错事，提出自我批评。既然我们知道自己并非完美之人，何不欢迎那些建设性的批评呢？如果不明白这些道理，你就难以成为一个成功的人。

乌龟家族出了一只佼佼者，每当它抬头仰望着天空，看着天空中那自由自在飞翔的雄鹰，心里羡慕得不得了：它也想学会飞翔。于是它便冲着天上大声喊道："老鹰兄弟，请你下来帮我一个忙!"

雄鹰听见了乌龟的喊声，一个俯冲落在了乌龟的身边。乌龟满面堆笑地对雄鹰说："鹰兄弟，我也想像你一样在空中飞翔，你教我学会飞吧！"老鹰听了连连摇头说："这恐怕不行吧，我劝你还是不要心存这种愚蠢的想法吧，千百年来你们乌龟家族都是安稳地生活在地上，不是好好的吗？还有，你的身体不适合飞翔啊。""为什么啊？虽然我没有翅膀，但是我有四肢啊，我并不比你缺少些什么啊？"乌龟有些不高兴地说："你就把我带到空中吧，我想我肯定能够学会啦。"

最终，雄鹰还是禁不住乌龟的软磨硬泡，没有办法只好答应带它到空中一游，但是雄鹰在起飞之前还是叮嘱乌龟一定要抓紧。乌龟的嘴角露出一丝不为人觉察的笑意，但它还是使劲地点了一下头。终于乌龟"飞"上了天空，当它看着脚下渐去渐远的大地，想象着自己马上就能像雄鹰一样飞翔简直兴奋得热血沸腾。它不顾一切地努力，挣扎着摆脱开了雄鹰的双脚，张开四肢想要像雄鹰一样"展翅"飞翔的时候，却发现自己像一块笨重的石头，直接就从云端跌落下来。结果很是壮烈，这样一只怀有飞翔梦想的乌龟被摔得粉身碎骨了。不要把别人的意见，误认为对方是刻意要给自己难堪。更不要把别人善意的批评，想象成对自己的人身攻击。你必须清楚地知道，善意的批评是不能免的，它是我们生活中、前进道路上增长见识所必须付出的代价。

当你被别人批评的时候，不要先入为主地对批评怀有深深的敌意，因为向来都是忠言逆耳，最好的办法就是以之为诫，有则改之，无则加勉。你所要做的就是仔细聆听，了解其是否是具有建设性的意见。只要你这样做了，那么这些所谓的批评之言，就足够让你变得足智多谋，沉稳成熟。最糟糕的做法是拒绝批评，打断批评人的话，甚至反唇相讥，或者干脆与批评人争高论低。在成大事者的眼中，任何批评都是防止错误的良药！

心理学家格雷伯指出："对于批评，十有八九的人认为它是可怕的，有破坏性的。也许只有少数人才会见到批评的建设性，认为它能让自己变得更加干练。但你要注意受批评时保持冷静，并注意到自己与别人保持适当的互动，让彼此不致造成难堪。"

但实际上，我们很多人在面对批评时，总是不能很好地保持风度，甚至大光其火者时有之。你首先应该做的就是聆听，然后再断定批评是否有道理。不要、不必强辩也无须表示同意。你专心地听他讲的是什么。如果确实是这样的话，你倒应该表示感谢，并想法由这里找到解决问题的办法。

在与他人相处时、在与他人交换意见时，如果你是对的，就要试着温和地、有技巧地让对方同意你。如果你错了，就要迅速而热诚地承认。即使有些批评是尖酸刻薄的，你必须要学会包容，这样才有机会听到别人给你的忠言。

假如有人骂你是一个笨蛋，你应该怎么办呢？生气吗？觉得受到了侮辱吗？那就让我们来看看美国前总统林肯是怎样做的吧：

据说有一次，在林肯签署了一项命令之后，爱德华·史丹顿竟然直接骂林肯是一个笨蛋。因为在他看来，林肯签署这项命令，如此兴师动众地调动了某些军队，仅仅是为了要取悦一个很自私的政客罢了。史丹顿当然拒绝执行林肯的命令，而且大骂林肯签发这种命令的笨蛋行为。结果怎么样呢？当好事者将史丹顿说的话"捎给"林肯之后，总统却显得很平静："如果史丹顿说我是个笨蛋，那我一定就是个笨蛋，因为他几乎从来没有出过错，我还是亲自去向他询问一下吧。"林肯后来果然去见史丹顿，他也意识到自己签发了错误的命令，于是收回了该命令。林肯不愧是美国历史上最伟大的总统之一，当他面对如此激烈的批评时，他仍然能够保持如此冷静的头脑，接受了史丹顿这一真诚的、具有建设性的建议，从而避免了一项错误法令的施行。

那么我们在面对批评的时候，是否应该表现出这样的态度呢？我们应该欢迎这一类的批评。爱因斯坦是世界上最有名的科学家，他甚至承认他的结论有99%的时候都是错的。

罗宾逊承认，很多次他都知道别人的话是对的。可是每当有人开始批评他的时候，只要稍不注意，他就会马上很本能地开始为自己辩护，甚至可能在根本不知道批评者会说些什么之前，就已经开始自我防卫了。其实，我们每个人都希望听到别人的赞美，不喜欢接受批评，我们不是一种讲逻辑的生物，而是一种感情动物。

批评不是一件坏事情，无论你被批评或批评人。所以，当我们听到有人说我们的"坏话"的时候，先不要急于替自己辩护。我们要理智地去会见批评我们的人。"我们敌人的意见，要比我们自己的意见更接近于实情。"罗契方卡也这样认为。我们必须要有这样一种胸怀，哪怕是面对别人尖刻的批评的时候，也要保持这样的风度："如果批评我的人知道我所有的错误的话，他对我的批评一定会比现在更加严厉得多，或许我真的在这方面存在缺点呢。"

当我们受到不公正的批评时该怎么办？我们也应该欢迎这样的批评，因为我们不可能永远都是正确的。或许当你受到别人的恶意攻击而怒火中烧时，何不先告诉自己："等一下……我本来就不是完美的，就像爱因斯坦这样伟大的科学家都承认自己99%都是错误的。这个批评可能来得正是时候，如果真是这样，那么我就应该感谢他了。"大凡事业有成的人，都能清醒地认识到：不能给予他人忠言的人，不是真诚的人；不接受他人忠言的人，则是一个失败的人。正视自己的弱点，一定能走向成功。

培素登公司的总裁查尔斯·卢克曼，每年花一百万美元资助鲍勃霍伯的节目。但他从来不看那些称赞该节目的信件，却坚持要看那些批评的信件。因为他知道，只有从这些信件里才可以获得更多有益的东西。正如诗人惠特曼曾经说过："你以为只能向喜欢你、仰慕你、赞同你的人学习吗？从反对你的人、批评你的人那儿，不是可以得到更多的教训吗？"

作为汽车公司品牌家族的第一个成员，福特公司也是经常对全体员工做意见调查，请他们来批评公司所存在的缺点和过失，以便于能够准确地找出公司在管理和业务方面所存在的问题。

罗宾逊认识一个推销肥皂的人，此人刚开始为柯盖公司推销肥皂的时候，订单来得非常慢，他很担心会因此失去工作。但他又很清楚地知道，肥皂和价钱都没有什么问题，所以问题一定出在他自己的身上。因此，每次生意没有做成的时候，他就静下心来仔细地思考：到底是什么原因导致此次推销失败呢？是我说的话太含糊？是我态度不够热诚？有的时候他甚至干脆回到客户的面前一问究竟："我之所以回来，不是想再向你推销肥皂，我回来是希望能得到你的忠告和批评，可不可以麻烦你告诉我，几分钟以前我向你推销肥皂的时候，有什么地方做得不对？请你给我批评，请你很坦诚地、不加掩饰地告诉我。"最终，他的这种态度使他赢得了很多朋友和很多无价的忠告，他也成了公司最优秀的一名推销员。

在人的自我中心意识中，包括了对自我评价的提高和对自身弱点、缺点规避缩小的倾向。人与人之间存在着批评与被批评的关系，有些人极不情愿接受批评，一旦遇到别人的批评就立刻火冒三丈、恼羞成怒，或者绞尽脑汁为自己的缺点辩护。而智慧的人却总是想办法从中学习，在他们看来，与其等待对手来攻击，倒不如自己主动接受批评，或许对手的看法比自己的观点可能更接近事实呢。

■ 懂得谦虚

谦让而豁达的人总是有许多人愿意与之相处。相反，那些斤斤计较，不能宽以待人的人总会引起别人的反感，他们在公司也许会有一些成就，但永远都不会融入同事中间，成为一个很好的协作者。也就永远都不会有最好的发展前景。

在工作中与同事相处，你一定要懂得谦虚，千万不能为了突出自己一再地炫耀自己，更不能为了表现自己而把自己的长处挂在嘴边，在无形之中贬低别人抬高自己。如果是这样，你将令人生厌，还可能会伤害到某些人，而周围的人也会逐渐地离开你。这样你就为自己设置了许多障碍，增加了与同事之间的合作难度。

哲学家爱默生说："一个聪明的人能拜一切人做老师。"任何人身上都有值得我们学习的地方，这个人可以是我们的上司，可以是我们的同事，可以是我们的亲朋好友，也可以是我们的竞争对手。当你有良好的心态谦虚地向这些人学习时，你的修养就会得到提高。能力也会相应地有所提高。假如你认为自己无所不能，没有谦虚的精神品质，你的职业生涯就永远都没有太大的起色。

玛丽和瑞莎同在一家传媒公司的广告部工作，这天经理皮特分别交给她们一项开发大客户的任务，由于她们的任务都比较艰巨，所以在她们离开经理办公室时，皮特特意叮嘱她们："如果有什么需要帮忙的话可以直接找我，同时要注意和其他部门的协调。"

玛丽的业务能力一向很强，她在广告部的业绩也经常名列前茅，她也常常因此感到骄傲，有时候同事们甚至觉得玛丽已经骄傲得过了头。离开办公室后，玛丽心想："皮特有什么能力，他只不过比我早到公司几年罢了，我解决不了的问题恐怕拿到他那里也没办法解决，再说了，开发大客户的任务怎么和其他部门协调，其他部门怎么懂得这种事。凭我自己的能力和智慧一定会完成这项任务的。"

而瑞莎走出经理办公室以后就直接到公司企划部和售后服务部向大家打了一声招呼，"过几天我可能有一些问题要向大家请教，同时也需要大家的合作，我先在这里谢谢大家了。"瑞莎同时也想，玛丽一向骄傲，但如果自己要想实现业务能力的提高就必须向她多学习，不到万不得已的时候不会麻烦皮特先生，但在客户沟通等方面自己确实需要皮特先生的大力帮助。

这次的任务确实比以前艰难得多，通过向玛丽和皮特先生学习，以及公司其他部门的配合，瑞莎的任务超额完成了，她为公司带来了好几笔大生意，当然公司也给了她优厚的奖励，而且还让她和其他部门的优秀员工一起到夏威夷免费旅游。玛丽也联系到了一些大客户，但因为她的工作不到位，有些客户选择了其他公司。

成长的确不能只靠自己，任何伟大人物的成长都需要与他人彼此合作，取长补短。一个人的成长如此，一个团队、一个公司的成长尤其应该如此。在公司中，每一个员工都应该有谦虚谨慎的品质，学会接纳别人的意见和建议，为自己树立更好的人脉关系。

　　所以，我们应该收起自己的傲慢，表现得谦恭一点，每个人的身上都有值得我们欣赏和学习的地方，不论在哪里工作，我们都会遇到在某一方面比我们强的人，真正聪明的人会以此为激励，并在与优秀的人合作的过程中逐步提高自己。

■ 言谈要注意

职场是一个人与人密切相关的场所，你的言谈可以直接关系到你在这个地方的形象和人际关系，甚至你的职业前途。你可以不去赞美别人，但绝不可以言辞粗鲁。所以，在平时的工作过程中一定要注意自己的形象。不要把生活中的坏习惯带到这个场合，不要让自己显得粗鲁不堪。

在人际交往中，谈话是考察人品的一个重要标准。因此，在社交活动中，谈话中的每一个人都应"好自为之"，遵守以下礼仪规范。

（1）注意自己的态度和语气。某些人一张嘴便滔滔不绝，容不得其他人插嘴，把别人都当成傻瓜。一些人以自我为中心，完全不顾他人的喜怒哀乐。一些人为展示自己与众不同的口才，总是喜欢用夸张的语气来谈话。这些人留给人的只是傲慢、放肆、自私的印象。因此，我们要极力避免成为这种不受欢迎的人。

（2）在与人交谈时，表情要自然，语气要和气亲切，表达得体。说话时可适当做些手势，但动作不要过大，更不要手舞足蹈，不要用手指指人。双方交谈，不宜与对方离得太远，但也不要离得太近，不要拉拉扯扯、拍拍打打。谈话时不要唾沫四溅。

（3）与人交谈要使用礼貌语言。在社交场合中谈话，一般不过多纠缠，不能高声辩论，更不能恶语伤人，出言不逊。争吵起来，也不要斥责，不讥讽辱骂，最后还要不失礼貌地握手道别。

（4）与人交流时，如果你想使用外语或方言，需要顾及谈话的对象以及在场的其他人。假如有人听不懂，那就最好不用，不然就会使他人感到你是在故意卖弄学问或有意不让他听懂。与多个人一起交流，不要突然对其中的某一个人窃窃私语，更不要凑到他耳边去小声说话。如果确有必要提醒对方注意自己的形象，比如脸上的饭粒或松开的裤扣，那就应该请他到一边去谈。

（5）言谈之中忌使用粗话和黑话。有人认为一说出那些不洁的词语便会缩小同他人的距离，他们把长得漂亮叫作"条挺"、"盘亮"，把100元、1000元、10000元分别叫做"一颗"、"一吨"、"一方"，殊不知这样只会显示出自己的格调不高。

（6）交谈时，一些禁忌需要了解。一般不要询问女性的年龄、婚姻状况。不要径直询问对方履历、工资收入、家庭财产、首饰价格等私人生活方面的问题。与女性讲话不要说她长得胖、身体壮等话；对方不愿回答的问题不要刨根问底；触及对方反感的问题应表示歉意，或立即转移话题。

（7）与人交流时要做到温文尔雅。有人得理不让人，天生喜欢抬杠；有人则专好打破砂锅问到底，没有什么是不敢谈、不敢问的，这样做都是失礼的。当然更不能恶语伤人、讽刺谩骂、高声辩论、纠缠不休。

（8）与多个人交谈时，要照顾到所有的人，不要冷落了某个人。尤其需要注意的是，同女士们谈话要礼貌而谨慎，不要在同时与许多人交谈时，同其中的某位女士一见如故，谈个不休。礼貌地对待每一个交谈对象。如果你想参加别人的谈话，要先打招呼；别人在与他人谈话时，不要凑前旁听；第三者参与谈话，应以握手、点头或微笑表示欢迎；发现有人欲与自己谈话，可主动询问；谈话中遇有急事需要处理或要离开，应向对方打招呼，表示歉意。

（9）谈话中应注重自己的目光与体态，不要失态或失礼。谈话时目光应保持平视。仰视显得谦卑，俯视显得傲慢，这些情况均应避免。谈话中应用目光轻松柔和地注视对方的眼睛，但眼睛不要瞪得很大，或直愣愣地盯住别人不放。

（10）谈话时，你的手势要适合礼仪要求。以适当的动作加重谈话的语气是必要的，但某些不尊重别人的举动不应当出现，例如揉眼睛、伸懒腰、挖耳朵、摆弄手指、活动手腕、用手指向对方的鼻尖、双手插在衣袋里、看手表、玩弄纽扣、抱着膝盖摇晃等。这些动作都会使人感到你心不在焉、傲慢无礼。

（11）谈话中不要滔滔不绝地表现自己的学识，而要言语有度、善于聆听，只有说、听相结合，才能真正做到有效的双向交流。在聆听中积极反馈是必要的。适时地点头、微笑或简单重复一下对方谈话的要点，是令双方都感到愉快的事情，适当地赞美也是必要的。

（12）与人交流时，无论你的知识多么丰富，也不要借此来压制别人，使别人难堪。在别人愿意听你的意见时，你可以把所知道的讲出来，给别人作参考。同时，还要声明你所知道的是极有限的，如果有错误，希望对方不客气地加以指正。

(13)与人交往，要做到对待上级或下级、长辈或晚辈、女士或男士、外国人或中国人，都能够一视同仁，"上交不谄，下交不骄"，给予同样的尊重，这才是一个有教养的人。

■ 别把坏情绪带到工作中

我们生活的这个世界，很少有人能够一直开心。有些人一遇到不如意的情况时，往往会觉得这个世界都是故意和自己过意不去。于是，什么都会完全乱了套，以前的计划全部被打乱了。如果任凭这种恶劣的情绪一直跟随着你，你就很可能在接下来的一天里因为一点小事而大发雷霆，如果把这种坏情绪带到工作中往往还可能将这种坏情绪传染给别人并影响到其他人的工作。

在这种坏心情的影响下，人们的思维混乱、情绪低落，很容易为一件小事大发雷霆，而且很容易采取一些过激的举动去应对一些事情。人们往往因为旁人的一句话，就勃然大怒，甚至拳脚相向，等到激动的情绪过后，才又悔不当初。

特别是在工作中，决不能让那些坏情绪影响自己的工作情绪。这就需要我们做到：

面对敏感信息从容处理。同事之间，难免会出现一些摩擦，有的时候还会遇到别人的直接的、比较敏感的反应。当遇到这种情况的时候，便可对自己说："他并不懂得真心地对别人好，可是我能做到，我肯定会得到更多人的喜欢。"这样阿Q式的自我安慰可以让心情得以舒缓。

面对批评要保持冷静的心态。当受到别人批评的时候，一定要懂得自我暗示，让那些暗示的话语不断在脑子中重复，这样的话，就可以有选择地接受一些资料和信息。

相信自己能够不断进步。在生活和工作中，时刻都在承受着很大的压力。在面对这些压力的时候，人们难免会心灰意懒，严重地影响到自己的工作情绪和效率。更可怕的是，当我们面对一个很好的机会，却同时正处在逆境时，我们就得多想自己一定能有好的方法，鼓励自己不要沮丧。

有时实在难以忍受的时候，就应该选择合理地宣泄。我们可以用运动、读小说、写日记、听音乐、看电影、看电视、找朋友谈心来宣泄，也可以找一个空阔的地方用大声喊叫或痛痛快快大哭一场的方式来释放心中的烦闷。在发怒之前可先在心里数10下，再发怒。当这种情况下次再出现的时候，我们不妨数20下，不断延长动怒的间隔时间。前苏联教育家马卡连柯就采用"制动器法"来缓解不良情绪的发作。他说："人的意志善于期待获得某种东西。没有制动器就不可能有机器，没有抑制力也就不可能有任何的意志。"在生活中，多一些幽默，少一些烦恼。笑是一剂良药，可以消除抑郁的心理，对不良情绪起到调节作用，使不良情绪得到有效控制。而我们的身上所散发出来的幽默感可以让很多人产生笑容。如果我们在生活中多给别人一些幽默，就一定能给自己减少一些烦恼。

辩证地看待生活中的不平。我们经常说的一句话就是"因祸得福"。当我们在某一方面或在某些事情上存在一些问题的时候，只要我们冷静对待，就可能会在其他的方面取得不错的成绩。

当遇到不愉快的事时，一定要学会倾诉，不要自己生闷气，不要把不良心境压抑在内心。在现实生活中，每个人的周围总会有几个知心朋友，当心情不好的时候，就可以找朋友们聚一聚。一壶清茶，一杯咖啡，把自己积郁在胸的消极情绪倾诉出来，别人的同情、开导和安慰会让你感到舒服许多。当我们心情不佳的时候，我们还可以找一个没有人的地方引吭高歌。在自己尽情地歌唱的同时，就可以很好地宣泄自己的不快。在我们唱歌的时候，那些歌的旋律，词的激励和唱歌时有节律的呼吸与运动，都可以缓解紧张情绪。

在工作岗位上，坏情绪既不利于你自己的工作，也不利于同事的工作。同时还有损于自己的形象，不利于提高自身修养。因此，不要随意将自己的坏情绪发泄到工作环境。理智地处理自己的情绪是每一个职场中人都该明白的道理。

■锋芒不要太露

工作中，做事要考虑别人的感受。否则就很容易给人一种矫揉造作的感觉，得不到大家的喜欢。还有一些人做出了点成绩，总是喜欢在同事面前谈论，甚至还借此来贬低别人，以此来显示自己的优越性。这种锋芒毕露的做法是最愚蠢的，你是怎样的人，你做事怎么样，大家心知肚明。即使你思路敏捷，口若悬河，说得再好也不会改变你在同事心中的印象，只会让人感到厌恶，他们也不会接受你的任何观点和建议。结果就会失掉了自己在同事中的威信，这样做恰恰显示的是你人性中最薄弱的一面。

恰当、自然、真实地展现你的能力和才华值得赞赏，但刻意地自我表现则是最愚蠢的。在职场，要想与众不同，得到同事的肯定和老板的赏识，的确需要适当表现自己的能力，让同事和上司看到你的过人之处。但很多人往往陷入这样的误区，那就是在错误的时间地点表现自己，不知什么是收敛，结果往往在职场竞争中输得莫名其妙。可以说同事之间处在一种隐性的竞争关系之下，如果一味地刻意表现，不仅得不到同事的好感，反而会引起大家的排斥和敌意。一个聪明的人在成功地做完一件事时会谦虚地说："功劳是大家的。"一个蹩脚的人在成功地做完一件事时会炫耀自己一个人完成了多么艰巨的任务。

当然，表现自己，使自己获得一份好的工作和丰厚的回报是无可厚非的。但是，表现自己要分场合、分方式。表现自己的时候，态度一定要诚恳。特别是在众多同事面前，如果只有你一个人表现得特殊、积极，往往会被人认为是故意推销自己，常常会得不偿失。当然，除了在得意之时不要张扬外，即使在失意的时候，也不能在公开场合下向其他人诉说别人的种种不对。而最好的选择就是，与大多数人保持一致，然后适当地表现自己。千万不要锋芒太露。

一次，何志因为加官晋爵，约了几个朋友在一起吃饭庆祝。或许是因为年少得志，或许是被胜利冲昏了头脑，或许是因为多喝了几杯，他就在酒桌上大谈特谈自己成功的经验，大谈特谈自己的才华是如何如何的出众，能力是多么的强于别人。但他忘记了同桌有一个屡试不第的老"范进"，评了五六次职称，年年都是名落孙山，眼看着胡子一大把了，却仍然和那些毛头小子一起参评。为这件事情，妻子隔三岔五地数落他，骂他没本事，没能耐，而且就连离婚都已提上了议事日程。你想，在这种情景下，他能听得下去吗？所以，没喝几杯，他就借故离开了，弄得一桌人不欢而散。过后，有些朋友就说何志不够朋友，明知道有老"范进"在座，却大谈特谈什么自己的成功之道，且得意之色溢于言表，未免太残忍了一些。好端端的一件喜事，最后却弄成这样，这恐怕出乎请客者的意料。

所以，不管你是新近升了官、发了财，你尽可以高兴、得意，但切记不要忘形，不要太过锋芒毕露。要知道，锋芒太露很容易遭到别人的排斥，到那时，你就会为自己的狂妄付出代价，别人也会觉得你这个人不是一个具有修养的人，你的前途就会受到直接影响。

第三章　突破困境从失败中获取成功的资本

　　人生总要面临各种困境的挑战，甚至可以说困境就是"鬼门关"。一般人会在困境面前浑身发抖，而成大事者则能把困境变为成功的有力跳板。

■ 战胜逆境

卡耐基说："人在身处逆境时，适应环境的能力实在惊人。人可以忍受不幸，也可以战胜不幸，因为人有着惊人的潜力，只要立志发挥它，就一定能渡过难关。"

的确，在绝境中仍能保持坚强那是需要很大勇气的。毕竟，世界上最容易的事情就是堕落，因为那不需要费任何的力气。但是，请看看我们的勇者在面对困难时是怎样做的吧！

1864年9月3日，寂静的斯德哥尔摩市郊，突然爆发出一连串震耳欲聋的响声。仅仅几分钟时间，一场灾祸发生了。当惊恐的人们跑到现场时，只见原来的一座大工厂瞬间成了一片火海。火场旁边，站着一位三十多岁的年轻人，他脸色苍白，浑身哆嗦，很显然，他非常幸运地逃过了这一劫难。这个人就是后来成为大化学家的诺贝尔。

诺贝尔眼睁睁地看着自己所创建的硝化甘油炸药实验工厂化为灰烬。更让他感到伤心的是，在这次灾难中，他失去了一个活泼可爱的弟弟和4个跟他朝夕相处的助手。5具烧焦的尸体惨不忍睹。诺贝尔的母亲得知自己的小儿子惨死的噩耗，当场昏了过去。年老的父亲因禁受不起打击突发脑溢血，从此半身瘫痪。然而，诺贝尔在失败和巨大的痛苦面前却没有动摇。

事件发生后，警察立即封锁了出事现场，并严禁诺贝尔回到他的工厂。人们像躲瘟疫一样避开他，再也没有人愿意出租土地让他进行如此危险的实验。这一连串挫折并没有使诺贝尔退缩。几天以后，人们发现，在远离市区的马拉伦湖上，出现了一只巨大的平地驳船，驳船上并没有什么货物，而是摆满了各种各样的设备，一个青年人正全神贯注地进行一项神秘的试验。他就是刚遭受巨大挫折与打击的诺贝尔！

勇气与毅力使诺贝尔坚持做自己想做的事。在令人心惊胆战的试验中，诺贝尔并没有连同驳船一起沉入湖底，而是经过多次试验，他发明了雷管。雷管的发明是爆炸学上的一项重大突破。这一发明让那些开矿山、修铁路、凿隧道的人认识到了雷管所发挥的重要作用。于是，人们又开始亲近诺贝尔了。他把实验室从船上搬到了斯德哥尔摩附近的温尔维特，正式建立了一座硝化甘油工厂。接着，他又在德国的汉堡等地建立了炸药公司。

一时间，诺贝尔生产的炸药成了抢手货，订单不断地从世界各地纷至沓来，诺贝尔的财富与日俱增。

然而，诺贝尔的事业并没有就此顺利，他并没有摆脱挫折。不幸的消息不断地传来：在旧金山，运载炸药的火车因震荡发生爆炸，火车被炸得七零八落；德国的一家著名工厂因搬运硝化甘油时发生碰撞而爆炸，整个工厂和附近的居民房变成了一片废墟；在巴拿马，一艘满载着硝化甘油的轮船，在运输途中，因颠簸而发生爆炸，整个轮船葬身大海……

每一个不幸的消息都狠狠地打击着诺贝尔，更为可怕的是，人们再一次对诺贝尔望而生畏，甚至把他当成了瘟神和灾星。如果说上一次灾难还是小范围的话，那么，这一次他所遭受的已经是世界性的诅咒和驱逐了。

诺贝尔又一次被人们所抛弃，更准确地说，应该是全世界人都把自己应该承担的那份压力给了他一个人。面对接踵而至的灾难和困境，诺贝尔没有被吓倒，他依旧保持之前的态度——勇敢地面对现实，用自己的努力走出逆境。

虽说炸药的威力是那样的不可一世，但大无畏的勇气和矢志不移的恒心最终激发了诺贝尔心中的潜能。他始终坚持着，并最终征服了炸药，用勇气击退了死神。诺贝尔把挫折踩在脚下，赢得了巨大的成功，他一生共获得专利发明权355项。他用自己的巨额财富，创立了诺贝尔科学奖，被国际科学界视为一种至高无上的荣誉。

郭沫若说："艰难的环境一般不会使人沉没下去，但是具有坚强的意志，积极进取精神的人，却可以发挥相反的作用。环境越是困难，更应发奋努力，困难被克服了，就会有出色的成就。这就是所谓的'艰难玉成'。"

让我们再举一例：

拉尔斯顿喜欢探险，他最爱好的运动便是登山。一个星期六的早晨，他又出发了，这次他准备去攀登盐湖城东南部的布鲁约翰峡谷。他当时只带了一些简单的装备便出发了。

到了目的地之后，他开始从一道3米宽的岩缝向上攀登。但是，就在他攀到25米左右的时候，一块巨石挡住了他的去路。他只有搬掉这块巨石才能前进。正当他用尽全力撬动那块巨石的时候，意外发生了。那块巨石摇动了一下，正好将他的右臂压住。一阵剧痛之后，他昏了过去。当他醒来的时候，发现自己的胳膊被夹在巨石和石壁之间，任他怎么用力也不能将胳膊取出。幸好登山包就在眼前，里面的一些食物还可以让他维持生命。因为他当时连手机也没有带，所以根本没有办法跟别人取得联系。他就这样在悬崖上吊了三天三夜。第四天的时候，所带的食物已经统统用光了，而这个偏僻的山谷也始终没有人前来。他明白再这样下去自己只有死路一条，他必须想办法解救自己。

其实这时他的朋友已经估计到他出事了，便拨打了电话。连直升飞机都出动了，到处搜寻他。无奈他的位置太隐蔽了，根本就不可能被人发现。

对他来说，想活命就只剩一个办法了，那就是舍弃这条胳膊。他想起自己的包里还有一把袖珍小刀，于是便取了出来，在没有任何麻醉的情况下肢解自己的右臂。鲜血汩汩地淌了下来，好几次他都痛得昏了过去。但是冷冷的山风又把他吹醒。等他把右臂切断之后便自己用绷带包了起来，然后左手拉着登山索缓缓滑了下来。

他忍着巨大的疼痛往前走，因为他知道待在这个山谷中是不会有人发现他的。就这样沿着河谷走了很长的一段路后，两个登山者发现了他，拨打了急救直升飞机的电话。之后他被送到了医院里。在到达医院之后，他居然谢绝了别人的帮助自己走进了急救室。

拉尔斯顿得救了，而他的名字也像长了翅膀一样传遍了全美国。

人们把他当作英雄的象征，他在面临绝境时的那种勇气令所有的人钦佩。

"真正的伟人是像神一样无所畏惧的凡人。"古罗马哲学家塞尼卡曾这样说道。坚忍不拔的勇气是追求成功过程中不可缺少的重要条件之一，它也是开发抵御挫折潜能的必要条件。想要在逆境中重获新生，就必须要具备战胜困难与挫折的勇气。

一个人如果在面临绝境时有这样的勇气，那么在生活的道路上就没有什么困难可以阻挡他。他的勇气令死神也望而却步，他将所有的困难都踩在脚下。

哪怕你的身后是一个深渊，也不要坐以待毙。只要你有坚定的信念，你有面对困难的勇气，你就可以战胜逆境，重获新生。

■ 不因困难而放弃

如果你是一个意志坚强的人，就容易获得成功。相反，如果你的意志薄弱，很可能就会被自己的情绪所左右而停步不前。因为每当自我主张动摇时，外界稍微的风吹草动就会让我们对自己产生怀疑，而我们内心的恐惧也会一点点地扩大。而恐惧是一个人成功的最大障碍，因为它会让我们停步不前。

一个人的潜力是无限的，只是我们往往低估了自己。我们总觉得自己没有那么优秀，或者自己根本就不可能克服那个障碍。但如果你能鼓起勇气的话，你会发现事情没有自己想象的那么难。其实，无论什么事情，只要你付出行动了，那么你就有可能取得成功，因为在做事的过程中，我们的思想会进一步地成熟，我们的智慧会进一步的爆发，我们的意志也会更加坚强。所谓"船到桥头自然直"，最重要的就是你敢于让自己迈出第一步。只要踏出第一步，那么所有成功的大门就会向你开启。

怀有信念的人是了不起的。他们遇事不畏缩，也不恐惧，就是稍感不安，最后也都能自我超越。他们健壮而充满活力，能解决任何问题，凡事全力以赴，最终成为伟大的胜利者。他们都有一个神奇的座右铭，那就是"信念"。

多年来，我常在各种环境中看到这类人，确信他们面对任何问题都能克服和解决，圆满地调和折中，愉快地生活下去。

有时候，也会遇到无法顺利解决的可怕问题。可是对怀有信念的人来说，并没有什么大不了的，他们对任何问题，永远带着一定能够解决的自信去面对。

心理学研究表明：人的行为受信念支配，我们想要做出什么样的成绩，关键在于我们的信念，所谓信就是人言，人说的话；所谓念就是今天的心。两个字合起来就是今天我在心里对自己说的话。若一个人在心里老是不停地埋怨自己"我不行"，很难想象，他会在今后的人生中做出怎样的成绩；相反，若一个人在心底深处总是不停地鼓励自己"我能行"，那他在人生中获得成功的机会就很大。人只有相信自己，才能成功。我们认定自己失败，就注定要失败。我们坚信自己是哪一种人，就会成为哪一种人。无论什么事，如果我们反复地确认，总有一天会变成现实！

罗曼·罗兰说："事业上最可怕的敌人就是没有坚定的信念。"信念决定了我们人生的处世态度，只有具备了正确的处世态度，我们的行为才会产生积极的结果。

没有信念的人，就没有自信，也没有坚定的意志，那他的一生也将一事无成，只能在失败和痛苦中度过自己漫长的一生。一个具有执着信念的人，他的人生就是充满辉煌的，但是，信念并非是与生俱来的，是由我们的价值观所决定，如果是负面的价值观，它就会阻碍我们前进；如果是正面的价值观，它就能使我们保持自己人格和心灵的自由和独立。所以，当我们在设定价值观时，我们要去改变每一个限制性的信念，因为我们的信念决定了我们所要面对的问题，决定了我们自己的追求。

一个著名的篮球教练，执教一个很烂的、刚刚因为连输了10场比赛而开除了教练的大学球队。这位教练给队员灌输的观念是："过去不等于未来""没有失败，只有暂时停止成功""过去的失败不算什么，这次是全新的开始"。

结果，在球队参加的下一场比赛中，他们又落后了，而且落后了整整30分，球员们一个个垂头丧气，神情沮丧，"你们打算放弃吗？"教练问道。"不"，队员们回答道，但声音小得可怜。

于是，教练开始问道："各位，假如今天是篮球之神迈克尔·乔丹遇到连输10场，在第11场又落后30分的情况，乔丹会放弃吗？"

球员回答："不会！"

教练又问："假如今天是拳王阿里被打得鼻青脸肿，但在哨声还没有响起、比赛还没有结束的情况下，拳王阿里会不会选择放弃？"

球员回答："不会！"

"假如美国发明大王爱迪生来打篮球，他遇到这种状况，会不会放弃？"

球员回答："不会！"

接着，教练问他们第四个问题："约翰会不会放弃？"

这时全场非常安静，有人举手问："约翰是什么人物，怎么连听都没听说过？"

教练带着一个淡淡的微笑说："这毫不奇怪，因为他在一场比赛中选择了放弃，所以从来没有人记住他的名字。"

信念使人充满前进的动力，它可以改变险恶的现状，带来令人难以置信的圆满结果。心中怀有坚定信念的人永远击不倒，他们是真正的强者。透过成功的经历，我们可以感受得到：信念的力量在成功者的足迹中起着决定性的作用，要在通往成功的道路上战胜种种困难，最终取得胜利，无坚不摧的理想和信念是不可或缺的。

很久以前，美国的许多无线电台都觉得女性不适合做播音主持，原因是不能吸引听众。但莎莉·拉斐尔立志于播音事业。开始的时候，她在纽约的一家电台找到工作，但不久就被辞退了，说她赶不上时代，结果她失业了一年多。

一天，她向一家国家广播公司职员谈起她的漫谈节目构想，那人说："我相信公司会有兴趣。"但此人不久就离开了国家广播公司。后来，她碰到该电台的另一位职员，再度提出她的构想。此人也夸奖是个好主意，但是不久此人也失去踪影。最后她说服第三位职员雇用她，这个人虽然答应了，但提出要她在政治台主持节目。

她对丈夫说："我对政治所知不多，恐怕难以成功。"丈夫热情地鼓励她尝试一下。第二年夏天她的节目终于开播。由于对广播早已驾轻就熟了，她便利用自己的经验和平易近人的风格，大谈她对7月4日美国国庆的感受，又请听众打电话谈他们的感受。

听众立刻对这个节目发生了兴趣，她主持的节目一时之间成为最受欢迎的一档节目。通过自己的勤奋，她战胜了多次的挫折带来的压力而一举成名。

据她回忆："我遭人辞退18次，本来大有可能被这些遭遇所吓退，做不成我想做的事情；结果相反，我让它们鞭策我勇往直前。"

如今的莎莉·拉斐尔已成为一名成功的著名主持人，两度获奖。在美国、加拿大和英国，每天都有800万听众收听她的节目。

信念，可以激发出我们自身的勇气，帮助我们克服困难，走出困境。首先，你要让自己建立一个信念。其次，要不断吸收新的有力的依据，以强化这个信念。而付出行动，则是我们强化信念的最好办法。曾经有一位老妇人，在她70岁高龄之际，开始学习登山。而在随后的25年里，她一直都冒险攀登高山。在她95岁的时候，她还登上了日本的富士山，打破了攀登此山的最高年龄纪录，这位老人就是胡达·克鲁斯。她之所以能够取得这样的成绩，就是因为在她的心中有一个信念，她相信自己能够成功。

不难发现，那些取得巨大成功的伟人们在开始做事之前，总是具有充分信任自己的能力和实现目标的决心，深信所从事之事必能成功。有了这样的人生态度，他们做事情的时候就能付出全部的精力，哪怕遇到各种困难，他们也永远不会选择放弃，直达成功的巅峰。

■ 在失败与挫折中锤炼意志

从前，有一个农夫在山里打柴时，捡到了一只很小很丑的小鸟，那只小鸟和刚满月的小鸡一般大小，因为它很小，老人很担心把它扔在山林里它根本就不能够存活，于是老人把它带回家。到了家，老人把它放在了小鸡群里，让它充当母鸡的孩子，鸡妈妈并没有发现这个小群体里的异类，全权负起一个母亲的责任。它一天天地长大了，而且人们发现怪鸟竟然是一只老鹰。人们开始担心这只鹰再大一些会吃鸡。然而人们的担心是多余的，那只一天天长大的鹰和鸡相处得很和睦，只是当鹰出于一种本能在天空展翅飞翔再向地面俯冲时，鸡群出于本能会产生恐惧和混乱。

时间久了，人们对于鹰同鸡相处的事越来越担心，如果哪家丢了鸡，便首先想到是鹰所为，这些人一致要求将这只鹰杀掉，可是农夫不舍得杀鹰，所以准备将鹰放生，让它回归大自然。

农夫用了许多办法都无法让鹰返回大自然，他把鹰送到很远很远的地方放生，过了几天那只鹰又飞了回来，农夫驱赶它，不让它进家门，甚至将它打得遍体鳞伤，试过很多办法都不奏效。

最后他们终于明白：原来鹰是舍不得那个温暖舒适的家园。

后来村里的一位老人说：“把鹰交给我吧，我会让它重返蓝天，永远不再回来。”

老人将鹰带到一个最陡峭的悬崖绝壁旁，然后将鹰狠狠向悬崖下的深涧扔去，像扔一块石头那样。开始的时候它就像是石头一样，迅速地下坠，然而快要到涧底时，它终于展开双翅托住了身体，开始缓缓滑翔，然后轻轻拍了拍翅膀，飞向了蔚蓝的天空，它越飞越舒展，越自由，渐渐变成了一个小黑点，飞出了人们的视线范围，永远地飞走了，再也没有回来。

提到成龙，很多功夫影迷们都被他的武打动作深深吸引。和所有成功者一样，成龙从一个不起眼的小人物成为世人瞩目的国际巨星同样经历了困难与挫折。

他的父亲是香港法国领事馆的一名小职员，由于转到澳大利亚的美国领事馆工作，不能够带上孩子一起去，6岁多的成龙就被送到京剧泰斗于占元那里寄宿学艺。7岁时，成龙的父亲到了澳大利亚。一年之后，母亲到了异国，每两年才能回香港一次。没有亲人照顾的成龙只有自己想办法面对生活中的种种困难。

成龙和师傅学艺的时候，60多个小孩挤在一间简陋的房间里，他们从不刷牙，因为没有时间；脚上的鞋子一个星期都不脱下来；每个孩子的头上都生满了疮；他们就像孤儿一样，每过一段时间就会排队去红十字会领取分发的食物、奶粉等救济品。

所有学徒的小孩，每天早晨5点钟就必须起床，一直练到半夜12点。由于太累，缺乏睡眠时间，他们不刷牙，也不脱衣服、鞋袜。5小时的睡眠对于成长中的小孩来说真的是太少了，所以，很多时候，成龙在训练的时候都会打瞌睡；其他人在读书的时候，他就偷偷坐到教室后面去睡觉。

师傅对学生们非常严厉，时时打学生，所有人都逃不过，只有在过节的时候才会稍微停手。然而，成龙和他的师兄弟元彪、洪金宝等人，又常常在街上惹是生非。因为他们剃光头，被很多人认为不吉利，便向他们丢石头，正好让这群孩子找到发泄的机会，于是他们蜂拥过去，把挑衅者打个头破血流。

为了给师傅赚钱，成龙等人在邱德根经营的游乐场表演，一做就是数年；从8岁起，成龙就开始以童星身份加入电影圈跑龙套。

17岁，成龙正式出师。"刚出师时，"他曾说，"在潜意识中对父母有些怨恨，他们为什么到澳大利亚去了不理我？其他师兄弟，每个星期，至少半个月内，就有家人来探访，带他们出去，而我却没有。"

由于早年练功时所经历的痛苦与磨难，成龙变得极其坚强、勇敢，这使得他在后来的岁月中敢打敢拼，成为一代巨星。

安逸的生活往往会使人堕落。挫折与磨难才是锻炼意志和增强能力的机会。

一位伟人说过："并不是每一次不幸都是灾难，早年的逆境通常是一种幸运，与困难作斗争不仅磨砺了我们的人生，也为日后更为激烈的竞争准备了丰富的经验。"可以说，每一位大师的成长道路都不是一帆风顺的。正是他们善于在艰难困苦中向生活学习，磨砺意志，才能在最险峭的山崖上扎根成长为最伟岸挺拔的大树，昂首向天。

只有那些不畏惧失败和挫折，化不利为动力，能够在困难与不幸中锤炼意志的人，才能成就一番大事业。孟子曰："天将降大任于斯人也，必先苦其心志，劳其筋骨，饿其体肤，空乏其身，行拂乱其所为……"

二百多年以前，在法国里昂举行的一个盛大宴会上，来宾们就某幅绘画到底是表现了古希腊神话中的某些场景，还是描绘了古希腊真实的历史画面展开了激烈的争论。看到来宾们一个个面红耳赤，吵得不可开交，气氛越来越紧张，这时主人灵机一动，转身请旁边的一个侍者来解释一下画面的意境。

结果，这位侍者的解释令所有在座的客人都大为震惊，因为他对整个画面所表现的主题做了非常细致入微的描述。他的思路非常清晰，理解非常独到、深刻，而且观点几乎无可辩驳。因而，这位侍者的解释立刻就解决了争端，令在场的人无不心悦诚服。

"请问您是在哪所学校接受教育的，先生？"在座的一位客人带着极其尊敬的口吻询问这位侍者。"我在许多学校接受过教育，阁下，"年轻的侍者回答说，"但是，我在其中学习时间最长，并且学到东西最多的那所学校叫作'逆境'。"

这个侍者的名字就叫作雅克·卢梭。后来他和他那闪烁人类智慧火花的著作，很快像暗夜里的闪电一样照亮了整个欧洲。

让我们记住一位伟人所说的话吧！"钢是在烈火和急剧冷却里锻炼出来的，所以才能坚硬和什么也不怕。我们这一代也是在这样的斗争中和可怕的考验中锻炼出来的，学会了不在生活面前屈服。"

■ 成功与失败只在一线之间

在我们的生活当中，其实失败和成功就在一线之间，有的人在遇到困难的时候选择了低头，可有些人在遇到困难的时候选择的是昂首挺胸地走下去，在你选择了不同的方法去面对困难的同时，你也就选择了自己的命运和自己的未来，也选择了成功或是失败。

其实成功并没有那么难，只要我们敢于去迎接挑战，决不在遇到困难的时候选择放弃，要向前看，勇敢地走下去，在我们战胜一个个困难的时候，其实我们就已经在接近成功了。

有很多人把自己失败的原因归于运气、能力等其他的因素。他们永远都不会说自己懦弱，不会说自己没有办法战胜苦难，在遇到困难的时候他们就退缩了。所以找一大堆借口来掩盖自己的懦弱。能够取得成功的那些人，他们都有一颗坚强的心，不管遇到再大的麻烦他们都不会向困难低头，也不给自己找任何借口，他们认为在遇到困难的时候唯一可以做的就是坚强地战胜它，而不是找各种理由来掩盖自己的懦弱，那样只会让自己变得更加懦弱。

一些人怀着一身的才华和远大的理想，却一生都没有成就。一部分原因就是他们没有战胜困难的勇气。在每次遇到困难的时候他们都不能勇敢地去面对，就连尝试的勇气都没有。他们害怕失败，这些人觉得自己这样优秀，一旦失败了那么就会招来别人的讽刺，就会失去原有的形象。所以他们连面对困难的勇气都没有，就更别说去战胜困难了。这样的人永远都不可能取得成功。我们不但要拥有面对困难的勇气，还要勇敢地去战胜困难，决不在困难面前低头。

在一次体检当中，有两个人被怀疑是得了肺癌。在给他们做透视的时候，他们的胸部都有一块阴影，医生准备为他们做详细的检查。

两个人坐到了一起，第一个体检的人对第二个体检的人说："如果我真的患了癌症，那将用上帝留给我的时间去旅行，去我以前想去的地方，我不想让我的人生留下什么遗憾。"第二个人听了这番话后，非常赞同，他也有这样的想法。很快医生为他们诊断出了结果。第一个人的确得了肺癌，他的病情随时都会恶化，有可能是一年，有可能是一个月，上帝留给他的时间不多了。而第二个人并没有得癌症，只是一块肿瘤，只要把它切除就不会影响到身体健康。

第一个人得知了自己的病情后，并没有听从医生的建议：让他留在医院，一旦病情恶化可以得到及时的治疗。他选择了离开，准备去完成自己以前的理想，去自己想要去的地方。可第二个人却留了下来。

第一个人离开医院后，辞掉了工作开始了自己的旅行。在以后的时间里他每天过得都很开心，去了很多以前想要去的地方，吃了很多自己以前想要吃的小吃，他快乐地度过着每一天，早就把自己生病的事忘在了脑后。当他知道自己身患癌症后，并没有放弃自己的生活，而是坚强地战胜了病魔，勇敢地去实现自己的理想。正是这种勇气让他重新认识了生活，因此他才能延长自己宝贵的生命。

当我们面对困难的时候一定要拿出勇气积极地去面对，只有敢于面对困难的人才可能有机会战胜苦难，如果一个人每次遇到困难都选择逃避，那么他就连体验失败的机会都没有。我们不需要惧怕困难，有些时候困难只是出现在一件事情的表面。只要我们勇敢地面对它，不去在意周围环境带来的任何影响，那么当你战胜困难的时候就会发现，其实它并不是一件可怕的事情，你完全有能力去战胜它。

有一处山势险恶的大峡谷，两面都是悬崖峭壁，下面是奔腾的水流。要想从这里通过，唯一的一条路就是峡谷上面的一座吊桥。这座桥看上去并不是很安全，只是用几块木板简单搭建而成的。两面是陡峭的悬崖，下面是奔腾的急流，想要从这座桥上通过，需要极大的勇气。

一个聋哑人和一个正常人同时来到了桥头，聋哑人因为听不见峡谷下面奔腾的水流和耳边呼啸而过的风的声音，所以并没有对这些感到恐惧。而那个正常人却不一样，他被水流声和呼啸的大风吓坏了，两条腿都有些发抖。可要想通过峡谷，眼前这座桥是唯一的出路，他们都有事在身没有别的选择。

聋哑人先走上了桥，他扶着旁边的铁链一步一步地往前走。没过一会儿他顺利到达了对岸，回头看了看那个正常人，就继续赶路了。

那个正常人一点点地靠近吊桥，他被吓得满头大汗，两手紧紧地抓着旁边的铁链，越靠近中间桥就晃得越严重，脚下的急流发出"轰轰"的声音，他被吓得两腿发软，再也没有办法前进一步了。他想回去可自己的脚根本就不听使唤，在一阵挣扎后他实在是坚持不住了，脚下一滑就这样离开了这个世界。

聋哑人能顺利地通过吊桥的原因是因为他听不见水流的声音，这样就减少了他的恐惧感，当他内心没有了恐惧，便很轻松地克服了眼前的困难。这个正常人失败的原因就是他被表面的恐惧吓倒了。他没办法克服这样的恐惧，最终导致他失去了生命。

在我们生活和工作中也是一个道理，有很多困难只是存在于表面，如果你鼓足勇气去克服和战胜它们，就会发现其实你面对的困难并没有自己想象的那么可怕，你完全有能力去战胜它。当我们遇到困难的时候千万不要退缩，也不要让自己的内心产生恐惧，勇敢地去面对它，绝不向困难低头。

■ 失败及成功之母

"失败乃成功之母"这句话想必大家都已经非常熟悉了，在每个成功的背后都有着无数次的失败，是那些无数次的失败积累在一起，才使我们取得了成功。在生活中很多人惧怕失败，因为他们觉得一旦失败，所付出的种种努力都将白费。其实我们不用把失败看得如此可怕，因为在每一次失败后，我们都会取得进步，可以得到宝贵的经验。在取得成功的道路上这些经验会帮助我们正确地分析每一件事情。只要我们在失败中获取教训，积累经验，那么每一次失败都会更加坚定我们对成功的信心。

生活在这个世界上的每个人，都不可能逃过失败。因为失败是我们生活中的一部分，它和我们的人生是一个整体，是没有办法把它切除掉的。如果一个人的一生没有失败，那他的人生就不是完整的，这样的人想要取得成功是一件很难的事情，也可以说几乎是不可能的。其实一个人取得成功还是失败，完全都是由自己决定的。对那些真正想要取得成功，对自己的目标充满信心的人，根本就不会有所谓的失败。他们把失败看成是一次磨炼自己让自己提高能力的机会，把失败看成是成功路上的一块基石。每一次失败后他们都可以从中吸取教训，让自己变得更加成熟，对于这些对自己理想怀有极大信心的年轻人来说，根本就没有真正的失败。

　　无论任何人想要取得成功，都会遇到困难的失败。一个人不可能不经历失败就取得成功，也不可能只经历失败不取得成功。往往经历失败越多的人取得的成就就越大。

　　千万不要因为一时的困难、失败而放弃成功，我们可以把失败看作是一次成长的机会，既然我们已经跌倒了，那为什么不利用这次机会感受一下重新爬起来的滋味呢！要记住失败并不是一件可怕的事情，可怕的是你不能勇敢地站起来。虽然我们在失败后会失去一些东西，可在失去某些东西的同时也一定会有所收获。

　　一个小男孩在玩耍当中把手插进了一个花瓶。花瓶的里边空间很大，可是瓶孔却很小，孩子的手拿不出来急得直哭。妈妈听见哭声后急忙从外面跑了进来，当她看见眼前的情景时，也没有什么好的办法。她试图把孩子的手从花瓶里拉出来，可每当她一用力孩子的哭声就会越大，她知道儿子一定很痛。没别的办法只有把这个花瓶砸碎了。可这不是一个普通的花瓶，是前不久老公从国外买回来的，价格很高。可为了孩子的安全，也只能这样做了。她把花瓶砸碎后，把孩子的手轻轻地拿了出来。可不知道为什么孩子的手却一直都握着拳头，不管妈妈怎么说他，他都不肯把手伸开。小男孩不敢伸开手，因为他知道自己闯祸了，其实他完全可以把手从花瓶里拿出来，只是他不想放弃手中的一枚硬币。

　　妈妈为了保证儿子的安全，失去了古董花瓶。它的价值要超出孩子手中的硬币几千倍。如果小男孩放掉手中的硬币，妈妈也就不会砸碎这个珍贵的花瓶。在我们失去一样东西的同时就一定会得到另一样东西，有失才有得，这个道理永远都不会改变。

在我们生活和工作中也是这个道理，当我们失败以后的确会失去一些东西，可我们一定也会有所收获。失败是取得进步和积累经验最好的帮手，在每次失败后我们都会发现，自己变得成熟了，想要取得成功的信心也更加强大了。

虽然每个人都不喜欢失败，对大多数人来说失败是一件不幸的事，可这样的不幸有时候也是一种机遇，如果我们把这次不幸运用得当，它很有可能就是一次取得成功的机会。

一个孩子正和爸爸在自家的院子里打扫刚刚下完的大雪。他们把清除的积雪堆在了一棵大树下面，孩子问爸爸为什么要把雪堆在大树的下面，爸爸回答他说："因为等到明年春天，天气暖和了雪就会融化成水，这样这棵大树不就可以吸收这些水分了吗？"孩子听了爸爸的话后感觉很有道理，对爸爸说："原来是这样呀！我明白了。"孩子看了看这棵大树，又对爸爸说："这棵大树的树皮已经脱落了，树干也都黄了，看来它一定是死掉了，我们费了这么大的劲把雪堆在它下面，看来都要白费了。"

爸爸笑着回答儿子说："虽然从外表上看这棵大树似乎已经死了，可现在是冬天呀！也许明年春天它还会好起来的。"

果然到了第二年的春天大树开始萌芽，它活下来了。等到夏天到来的时候它还可以帮周围的人们遮挡阳光。

这个孩子长大后成了一名教师，尽管很多年过去了，可他一直都记着小时候爸爸对他说的那段话。而这段话在很多时候都会体现在他经历的其他事情上面。当年他班上的一名同学因为伤病耽误了很长时间的学习，这个同学本来成绩就不是很好，在耽误这段时间以后就更差了。这位老师并没有放弃他，而是继续耐心地为他补习功课。后来这个同学竟然成为了一名出色的大学生，毕业后还成功地创办了自己的公司。这样的例子有很多，在老师认真的教导下，那些曾经遇到过不幸的孩子有很多都取得了优秀的成就。他们有的成了领导，有的成了老板，还有一些和他们的老师一样，成为一名优秀的教师。

失败的确是一件不幸的事，可这样的不幸在很多时候也可以给我们带来成功。

失败是一件没有人能避免的事情，既然我们避免不了，那就要勇敢地去迎接它，只要我们正确地面对失败，那么失败也是一种成功，我们可以从中得到很多能够帮助我们取得成功的知识和经验，所以每一次失败都是在为自己成功的道路铺垫坚硬的基石。

第四章 抓住机遇，善于选择、善于创造

机遇就是人生最大的财富。有些人浪费机遇轻而易举，所以一个个有巨大潜力的机遇都悄然溜跑，成大事者绝对不允许机会溜走，并且能纵身扑向机遇。

■ 善于把握机遇

在一次灾难中，一场大水淹没了整个小村庄。村子里的人们都拼命地往外逃，当地的政府也派出搜救队，他们拼命地营救着每一个村民。这时，一个搜救队员乘着一艘小船来到一个教堂的旁边。看到了神父，他对神父说："神父快到船上来，一会洪水会把你冲走的。"

神父说："不！你走吧，我要守着教堂，上帝会来救我的。"

又过了一会，洪水已经淹过神父的胸口，他只好站在祭坛上。这时，另一个搜救队员来到了教堂，他看见了神父，对他说："神父快上船吧，不然你会被洪水淹死的！"神父却说："不！我要守着教堂，上帝会来救我的，你先去救其他人吧。"

又过了一会，洪水越来越大，马上就要把神父给淹没了。这时，来了一架直升机，飞行员们看见了神父，他们把绳梯放给了神父，对他说："神父快抓住绳梯，我们会救你上来的。"

可神父还是没有上来，他说："你们走吧，我是不会离开教堂的，上帝一定会来救我的。"就在这时候，一个大浪涌了过来，它把神父冲走了，飞行员没有把他救上来，他被洪水淹死了。

神父死后看到了上帝，就埋怨上帝说："上帝啊，你为什么不来救我呢？"

上帝对神父说："我怎么没有救你啊？我先后三次叫人去救你，

可是为什么你就是不肯上船或上直升机呢？如果你把握其中的一次机会，你就一定会得救呀。"

每个人的一生中都有很多次机会，最重要的是看你能不能把握得住。

在我们的一生当中可能会有很多次机遇，也可能只有一次，但可以肯定地说：不管你生活在哪里，处在什么环境，你都会有机遇。只是有些时候它来得很快走得也很快，在不经意间你就可能已经错过这次机遇了。那些取得成功的人就始终是那些善于抓住机遇的人。有很多人之所以错过机遇，就是因为他们对自己的生活和工作不够认真，他们总是放松自己，以至于摆在面前的好机会都会悄悄地从手里溜走。

机遇对每个人来说都很重要，有很多人怀着一身的本事，可就是没有机会展示出来。其实他们并不是没有机遇，上帝对每个人都是平等的，可能是机会还没有到来，也可能是机会已经出现了，是他们没有把握住。还有一些人虽然他们的能力不是很高，也没有出色的才华，可他们都已经有了自己的事业。就是因为他们抓住了机遇，所以在我们万事俱备等待机遇的时候，一定要认真细心地对待发生在身边的每一件事情，它有可能就是一次改变我们人生的好机会。

在很早以前，有一个非常聪明的国王，他懂得怎么去教导自己的臣民养成一个好的习惯，在发生一件事情的时候他喜欢细心地分析。要是想得到他的重用唯一不可缺少的就是细心。他经常教导自己的大臣说："想要让自己的国家强盛起来，就必须拥有面对困难时细心解决困难的能力，上天是不会帮助你来解决问题的，好事也不会主动地降临在我们的头上，上天只把机遇赐给那些能把命运掌握在自己手中的人。"

一次，国王想在自己的王国里挑选一名大臣，这名大臣是专管国家税收的，最基本的条件就是一定要细心，因为当时有一些贪官利用一些手段来谋取所收来的国税。他需要一名细心的人来核对账目，可经过国王一段时间的观察，并没有找到合适的人选，于是他想出了一个办法。一天晚上，他趁大家都已经睡着的时间偷偷跑出了自己的宫殿。他把一个大石头搬到了通往皇宫的一条路上，然后躲在不远的地方悄悄地观察着，看接下来会发生什么样的事情。没过多久一辆马车出现了，它慢慢地行驶到石头的跟前。赶车的车夫看见了路上的石头，他突然停了下来大声说道："这是谁呀！这么缺德，把这么大的一块石头放在了路中间，要不是我发现及时我的车都会被它颠翻。"说着他走下了车拉着马从旁边绕了过去。这发生的一切都被不远处的国王看得清清楚楚。

又过了一会儿，一个年轻的士兵一边唱着歌一边走了过来。由于天色有些暗他没有注意到地上的石头，一不小心被绊了个跟斗。他坐在地上揉着屁股，嘴里嘟嚷着我真是倒霉，这么大的一块石头我竟然没看见，还被它绊了个跟斗。说着他生气地踹了石头一脚，一瘸一拐地走了。

时间一天天地过去，国王每天都会来到这里观察，可结果都让他失望，这块大石头还是停留在路的中间。直到有一天一个年轻人的出现让国王重新看到了希望。那是个早上，天刚刚蒙蒙亮，一个年轻人从远处慢慢地走了过来，这个人看上去很瘦弱，可当他看到这块石头后说的一句话却深深地打动了国王，国王心想："我想要找的大臣就是这个人。"

那个年轻人是这样说的："天色这么暗，如果有人经过这里一不小心一定会被这块石头给绊倒的。"说着他放下了手里的包袱，用尽全力把这块石头推向路边，可是他的身体太单薄，费了好大的劲也没有推出多远，可他并没有放弃而是继续把这块石头往路边推。这时国王走到了他的面前，帮他一起推走了这块石头。国王问年轻人说："你来这里做什么呀？"年轻人回答国王说："我是一名书生，为了来到这里考取功名，我已经走了将近一个月的路了，不过今天终于到了。"国王对着这个年轻人笑了笑，带着他进了自己的宫殿……

人生就是这个样子，一些很普通的事情其实就是我们人生的一次机会，如果你没有认真地对待，那这次机会自然会从你身边溜走。要是你认真地对待这件事情，它就有可能是改变你一生命运的一次机会。

我们经常会说到运气，运气的确是一件非常微妙的事情。它会造访很多人，可如果你的脑子始终是一个混乱的状态，即使运气降临到了你的头上，你也不会真正感觉到它的到来。

一个富翁和朋友聊天的时候这样说："我能够取得如此大的成就，和在我年轻时候的一次运气有着很大的关系，它是我能够取得成功的主要因素。在我小时候家里非常穷，几乎连肚子都吃不饱，想要去城市里面打拼，可连基本的生活费都没有。一次偶然的机会我在麦田里拾到了一块玉石，是这块玉石换得了我进城的生活费，让我的命运得到了改变。我一直在想我该怎么样为那些改变不了自己命运的孩子做点什么呢？"他的这位朋友为他想出了一个办法，他们准备用一份资金成立一座营地。这座营地是专门收留那些生病的孩子的，在这里他们可以得到很好的治疗，同时还可以受到应有的教育。在最开始的时候他们也遇到了很多麻烦，由于对医疗方面缺少了解，有些孩子的病情根本就没有办法控制。后来他们的举动打动了一个很有名气的医学教授，这位教授愿意帮助他们，而正是教授的到来给他们带来了好运。一切进行得都很顺利，很快营地就建成了。可另外一件事情又发生了，只有很少的家长愿意把自己的孩子托付给他们。第一次举办活动的时候，只来了将近一半的人，因为有很多孩子还没离开过父母的照顾，父母也舍不得离开自己的孩子。不过在第二年活动的时候他们的营地已经全部住满了，因为当时住在里面的人把住在这个营地的感受讲给了大家听，很快消息就传开了，他们知道住在这座营地里，不仅可以得到及时的治疗，还可以受到很好的教育，而且都是免费的。

在这里每个孩子都可以自由地活动，做他们喜欢做的事情。没有人会要求他们做什么，喜欢怎么玩就怎么玩。尽管有些孩子的病情已经很严重了，可他们一样会玩得很开心。

转眼间许多年过去了，那些在第一期就加入这座营地的孩子有30%都活了下来，他们当中有70%都可以过和正常人一样的生活。而那些因为种种原因没有进入营地的孩子，他们的命运就没有这么好了。

有时候运气会降临在很多人的头上，可是有些人却没有意识到运气的到来，他们没有把握住。而只有那些及时抓住并充分利用它的人，才能改变自己的命运。

想要取得成功，就必须把握住每一次机会，而把握机会最好的办法就是时刻让自己保持清醒，认真地对待发生在身边的每一件事情，一旦出现机会就一定要牢牢地把握住，充分地加以利用。

■ 抓住每一次机会

你是否常常这样想：我年轻聪明、兢兢业业，却为何迟迟成功不了？为什么世上有那么多幸运的人，却始终轮不到我？为什么那个幸运的苹果始终砸不到我的头上？

其实，不是苹果从未掉到过你的头上，只是当它掉下来的时候，正好砸疼了你的头顶，于是你愤怒地把它扔掉了。自然，你就没有机会推出万有引力的研究成果。但是当这个苹果砸向牛顿的时候，情况就不同了。他不但没有恼怒，相反，他感到很好奇：为什么苹果会向下落，而不是向天上飞？于是，他带着好奇开始了研究，经过一番试验和探索，他终于找到了问题的答案——原来竟然是地球在吸引它向下落。这个研究成果是前人所不曾发现的，于是牛顿便在一夜之间功成名就了。

乍看起来，是不是感觉这只是一种幸运使然呢？非也，那些成功者有的不仅仅是人们所谓的运气、巧合等外在的助力，更重要的是他们有一双能够紧紧抓住机遇的手和一个善于思索的头脑。

机遇就像稍纵即逝的彩虹，如果你无法在它出现的一刹那看到它的美丽，就只能喟然感慨，空留遗憾。我们每个人缺少的并不是机遇，而是当机遇来临时，你是否抓住了它。

大连韩伟企业集团创始人韩伟被业界称为"中国鸡王"，他的成功很大程度上是因为他抓住了一次非常难得的机遇。

韩伟小时候的生活并不富裕，他出生在一个贫困的农民家庭，他读书不多，仅初中毕业。但是他有一手不错的木匠手艺，并稍微懂得一些畜牧知识，于是在20世纪70年代他被招为镇上的畜牧助理员。干了几年之后，他便动了辞职下海的念头，于是在1984年，他从亲友处借来3000元钱，开始养鸡。同年底，韩伟从银行贷款15万元，扩大养殖规模，一举成为大连最大的养鸡专业户，也成为大连负债最多的个体户。这个举动在别人看来是在冒险，但是最冒险的却是银行。韩伟当时之所以能在无抵押的情况下贷到这么一大笔巨款，原因在于当时大连正在大搞"菜篮子工程"，他的鸡场扩建计划正好符合了当时的政策所需。

韩伟紧紧抓住了这次大好机会，他充满信心地准备大干一场。后来，在政府的支持下，他又贷款208万元，建起一座占地44亩、饲养8万只鸡的现代化养殖场。从此，韩伟的养殖业不断发展壮大，很快韩伟便成了当地的大富翁，他的个人身价高达4.5亿元。

在如今这个竞争激烈的职场中，有的人做出了出色的成绩，有的人却一事无成。一事无成的人往往将原因归为自己没有良好的机遇，因而没有机会施展自己的才华。

人才学上有一个公式：成功＝能力＋机遇。对于身处职场中的人来说，能不能抓住机遇，是获得升迁、实现自我价值的一个重要途径。但是如何才能抓住机遇呢？

职场如战场，要在强手如林的竞争中抓住事业发展的机遇，开发自己的潜能，实现自己的人生价值，不仅需要具备良好的知识、素质、能力，还需要有一双善于抓住机遇的手。

职场中处处隐藏着机遇，可是遗憾的是，很多人只是在无聊、枯燥中日复一日，却很难看到蕴藏在身边的机遇。其实，无论你多么幸运，机遇都需要靠自己的双手来挖掘和创造。机遇是通过自己的奋斗而取得的，而不是等待纯粹巧合或幸运。

有个年轻人尚未毕业就去一家大公司应聘，他想知道自己的实力到底有多强。但该公司并没有刊登过招聘广告。总经理表示出对此事的不理解，年轻人用不太娴熟的英语解释说自己是碰巧路过这里，就贸然进来了。总经理觉得这个年轻人很有胆量，于是破例让他一试。最后，面试的结果很是糟糕，年轻人甚至对自己的专业知识都不熟悉。总经理遗憾地表示他不能被录用，这个年轻人就很焦急地向总经理解释是因为他事先没有准备，总经理以为他不过是找个借口下台阶，就随口应道："等你准备好了再来试吧。"

一周后，年轻人再次走进该公司的大门，这次他依然没有成功。但比起第一次，他的表现要好得多。而总经理给他的回答仍然同上次一样："等你准备好了再来试。"就这样，这个青年先后5次踏进这家公司的大门，最终他被公司录用，成为公司的重点培养对象。

机遇不是天上掉下来的馅饼，它需要通过我们的努力去争取，需要我们有充足的准备。当我们自身具备了充足的实力，机遇自然也就随之而来。

最近，小王在一次聚会上出尽了风头，因为在100多人中，他是唯一一个在30岁时做到分公司经理的人。很多人都说他是幸运儿，但是小王却说，他的成功是因为抓住了机遇。同时，他给大家列出了几点抓住机遇的"妙方"：

1.勇于展现自己的潜能；

2.让自己成为一个全面发展的人才；

3.保持敏锐的头脑；

4.学会在各种场合让上司了解你；

5.多向老板提建议；

6.永远让自己的工作业绩保持"一流"；

7.不断充实自己；

8.勇于面对改变。

■ 敢想敢做

也许你很早就见过这样一些人，他们终生都待在家里，没有出过远门，没有见过世面，只熟悉自己家门口巴掌大的一块地方，除此便再不知道外面的世界。他们之所以不到外面去，是因为他们认为外面的世界到处存在着风险：不熟悉的环境、不熟悉的人群，这些都让他们产生一种害怕的感觉。因此，即使他们向往外面的世界，也没有胆量走出家门，更别说开创自己的事业了。

其实，在职场中何尝不是如此呢？很多人羡慕那些年纪轻轻便做上老板的人，那些工作一帆风顺、拿着高薪的人，以为他们的成功源自他们的幸运，却不知道他们是敢于冒险并付诸行动的人。

打工者与老板的最大区别在于：老板总是主动行事，敢想敢做，而打工者却往往畏首畏尾，害怕承担责任，以致错失许多良好的创业机会。

有的人在受到外界的一点触动而产生创业的想法时，也曾满腔热忱、豪情万丈，但过不了多久，便偃旗息鼓了，此时，他们的理由很多，诸如时机不成熟，这个想法只能想想而已，我哪里有能力去做呢？时间一长，他们的热情也就散尽了，又继续原来的生活和工作。等到某一天，在看到别人做了当初他想做的事而功成名就时，他便开始抱怨起来，说自己当初如果去做的话，今天也会有这样的成果了。

是啊，"如果去做"，只是如果而已。只可惜世界上没有那么多如果，没有那么多后悔药。

大多数人总是在这样的抱怨中虚度一生，荒废了一生的理想，最终一事无成。再看那些成功人士，他们却很少抱怨，因为他们不会让自己错过当初的时机，而是当机立断抓住时机，放手大胆地去干。

霍英东在总结自己成功历程时曾说过这样一句话："能为人之不能为，敢为人之不敢为。唯如此，方可有所成就。"

世界上总要有第一个吃螃蟹的人，任何看似冒险的行动其实都蕴藏着巨大的成功因素。大胆的冒险之心，对于成功来说是不可缺少的。如果一个人只有冒险精神，而没有良好的判断力，就只能是鲁莽行事，而与鲁莽相伴随的总是败多胜少。但是如果他有良好的判断力，却不愿意去冒险，不敢承担风险，那么他的成功最多也只能是大脑中的想象。

一个商人一生中几乎从来没有失过手，他的每一次投资冒险都能避免失败，在选择一个投资项目时，如果别人都说可行，他就觉得不可行，因为别人都能看到的机会就不是机会，别人都能想到的捷径就不是捷径。他每次选择的都是别人认为没有机会获胜的项目，因为他认为，只有别人没有发现而你发现的机会才是真正的黄金大道，尽管冒险，但却商机无限，因此，他总能在每一次投资中获胜。

黄巧灵是2002年《中国大陆百富榜》上名列第42位的风云人物。他的成功很大程度上源自于他敢想敢干的气魄。

2002年《时代》周刊有一篇《穷奢极欲》的文章，以十分夸张的口吻介绍了黄巧灵的生活："黄巧灵梳着一丝不乱的背头，充满得意地看着他那富丽堂皇的居所。在这里，杭州市郊数千公顷的水稻田间，黄巧灵建起了他最为辉煌的杰作——一座价值1000万美元的白宫复制品。他徜徉在挂着美国历任总统肖像的通道之间，然后步入整栋房子的心脏——总统办公室，这里的每个细节都仿制得惟妙惟肖，从价值6万美元的巴洛克沙发到地毯上的美国总统印章，不过，所有的物品标签上都写着中国制造。黄巧灵就是中国一批新兴富豪中的代表，他说：'你在这里看到的一切就和华盛顿的一模一样，只不过，现在它是我的了。'"

当时这篇文章引起了激烈的争议。

其实，这篇文章中所描述的他的"白宫"居所与他本人一样——都出自于他的大胆构想，蕴含着他敢想敢做的气魄。他成功的每一步都与一个品质有关，那就是敢想敢做。黄巧灵不止一次地告诫年轻人：做可能而没有人敢做的事情成功的可能性最大。

黄巧灵有一个创意：将一个长期以来被人们引为经典的故事——在杭州把描绘宋朝文明的绘画巨著《清明上河图》复制出来，做成一个主题公园，做成一门生意。

当时很多专家学者曾提出异议，但黄巧灵经过一番调查后，认为虽然冒险，但是也有巨大的商机在里面，于是他决定冒险了。

结果，项目落成之后，宋城一炮而红，当年接待游客达100多万人，旅游收入达4000多万元。这个数字令无数人跌破眼镜。

在黄巧灵的第一个经营场所——海南的天涯海角公园里，他曾经救下了14个试图自杀的青年人。他们大都是满怀理想来到海南，但是在海南开发热过去以后发现自己一无所获，而且往往负债累累，因此决定了却自己的生命。黄巧灵虽然当时没有参与海南的这场地产炒作热潮，但是亲历了这个过程，从中受到启发和影响。他的冒险家气质也许就来源于此。他总是充满勇气，满腔热忱地去"吃"第一只螃蟹。

一个不敢把自己置身于大风大浪中的人，不敢让自己暴露在危险中的人，是永远没有机会取得成功的。

人生没有毫无风险的坦途，人生之路充满了困难和风险，如果你没有面对风险的勇气，而总是退缩、逃避，谈何征服困难，创造辉煌呢？你只有勇敢地拿起刀斧，不断地披荆斩棘，才能勇往直前，避免一生停滞不前、庸庸碌碌。

美国苹果公司的创始人乔布斯认为，行动高于一切，而且把实践作为自己奋斗的基准。当人们问及乔布斯为何成功时，他说，把行动和信心结合起来，是你走向成功的最大动力。"我把我的一切思想付诸行动，这是这些年来让我继续走下去的唯一理由。"

乔布斯一直以来都有一个梦想，那就是创办一个电脑公司。在他20岁时，他终于勇敢地开始了自己的第一次行动——创立苹果电脑公司。他拼命工作，让苹果电脑在10年内从一间车库里的小工厂，扩展成一家员工超过4000人，市价20亿美金的公司，因为他推出了一个很棒的产品——麦金塔电脑。没有人要他冒险去创立苹果电脑，但他做到了，这次成功让他累积了一次相信自己的信心。这份信心在他30岁与苹果电脑分道扬镳时就派上了用场。因为董事会与他对公司未来的愿景不同，董事会在乔布斯30岁时炒了他的鱿鱼。乔布斯说："曾经是我整个生活重心的东西不见了，令我不知所措。"但渐渐地，乔布斯发现，他还喜爱着他曾做过的事情，被苹果革职的事件丝毫没有改变他的兴趣。他虽被否定了，但他还是爱做那些事情，所以他决定从头做起。

此时，乔布斯又对动画制作产生了兴趣，于是他又开始了行动。在接下来的5年时间里，乔布斯先后开了NEXT、Pixar两家公司，Pixar接着成了世界上最成功的动画制作公司。然后，苹果电脑买下了NEXT，乔布斯回到了苹果，NEXT的发展技术也成了苹果电脑后来的技术核心。现在苹果电脑又创出音乐产业的革命性产品iPod。一次的信心加三次的行动奠定了乔布斯成功的基础。

有好的想法，还要敢于行动，才有成功的可能，一味空想，只能一事无成。乔布斯的例子就说明了这个道理。所以从现在开始，你要把你的思想付诸行动，只有行动了，你才能去实践那些影响你整个生活的观点，进而真正地掌握你的命运。

我们无论做什么事，都要懂得行动高于一切的道理，这是我们人生理念中非常重要的一条。只有立刻行动，才能把我们的思想转变成现实。

■ 成败只在一念之差

日本的清酒很早就已经非常有名，它与中国江南的黄酒比较类似，都是深受欢迎的普及型大众米酒。

日本的米酒很长一段时间以来是比较浑浊的，尽管它味道醇香，但是因为这一小小的瑕疵，令日本的米酒无法有更广阔的市场。很多制造商想了各种办法，却一直找不到使酒变清的法子。

当时，有一个名叫鸿池善右卫门的小商人，他一直以制作和出售米酒为生。他店里有一个仆人经常与他发生口角，仆人一直对他怀恨在心。有一次，鸿池善右卫门因为仆人做错了事狠狠批评了他，这个仆人非常生气，就在晚间将炉灰倒入做成的米酒桶内，想让这批米酒变成废品，叫主人吃亏。之后，这个仆人逃之夭夭。

第二天早晨，鸿池善右卫门发现仆人不见了，但是在酒桶的边沿却发现了一片炉灰。他顿时明白了怎么回事，一时气上心头，想到里面的酒肯定被他祸害了。他迫不及待地打开酒桶盖子，可是令他惊讶的是，一坛清澈的酒呈现在眼前，原来浑浊的米酒不见了。再仔细一看，他发现桶底有一层炉灰。"难道是这炉灰的作用？"敏锐的他觉得这炉灰具有过滤浊酒的作用，但是又觉得不可能，炉灰这么脏的东西怎么能放在酒里喝下去呢？他叹口气，放下盖子，又去做别的事了。可是几天之后，等他再打开酒桶盖子的时候，却发现酒比原来更加清澈了。这次，他觉得真是炉灰在起作用，他要亲自试验以看个究竟。就这样，鸿池善右卫门研制出了使浊酒变成清酒的办法，制成了后来畅销日本的清酒。

一个好的想法就是一个成功的开始，只要你能在想法产生的时候紧紧抓住它，并且好好利用它，使之成为通往成功之路的阶梯，那么你就有希望获得成功。

而那些对好想法不自信的人，则很难获得成功。他们以为自己的想法天真幼稚、不符合逻辑，因此当他们在头脑中闪现了一个新奇的想法时就果断地放弃了，他们以为与其冒险，不如不去尝试、老老实实地做其他的事稳妥，于是他们就这样轻易地与成功擦身而过。

人类与动物的最大区别就是人类有逻辑思维，这个区别使得千百年来人类一直作为世界的主宰，创造了发达的世界文明，使得人类不断进步，这都得益于无数勇于动脑、大胆想象、大胆尝试的人。

日常生活中，我们每天都会有许多新奇的想法和念头在脑海中闪现，但绝大多数人只是把它当成一个稍纵即逝的念头，很少有人深度挖掘，更别说付诸实践，使新奇的想法变成现实了。他们不知道，他们放弃的看似仅是一个念头，实际上却有可能是一个蕴含了无数财富和成功的商机。他们看到的只是困难和不利，却没有想到成功的可能。

其实，成败与否只是一念之差，一个想法决定成败，一个念头分出胜负。有时候许多事就差那么一点点——一个人把新奇的念头紧紧抓住了，而另一个人把它轻易放过去了。于是，一个人成功了，另一个人却失败了。

我们再来看一个例子，看一下主人公是如何将好的念头勇敢地抓住并获得成功的。

格德纳曾在加拿大一家公司任职，那时他只是一个普通职员，拿着微薄的工资，过着贫穷的生活。一天，他在复印文件，因工作太忙，他已经晕头转向，不小心失手把一瓶液体打翻在文件上。这是一瓶红色液体，刚复印好的文件当即就成了一团黑，文件上的字已经看不清了。

他非常懊恼，但不久他的眼中就闪出欣喜的光芒。他脑子飞快地运转：现在商业和军事上窃密的现象经常发生，如果利用这种红色液体研制出防影印纸，我岂不是发财了吗？

他欣喜若狂，回到家里，就迫不及待地用这种液体开始做试验，经过反复试验，终于成功了。这种纸覆盖着一种暗红色，用这种纸来写字、打字、制图十分清晰，但是当复印的时候，由于吸收了复印机灯光，复印出来的东西就漆黑一片。

这种纸一出现在市场上，立即受到很多人的喜爱。它适用于机密文件的印刷，能有效地防止盗印泄密。格德纳看好了这一行业，在蒙特尔开办了专门生产防影印纸的公司"加拿大无拷贝国际公司"，生意火爆，不久他就成了令人羡慕的亿万富翁。

成功后的格德纳总喜欢对他身边的人说："如果你有了新奇的念头，千万别让它溜走。"

如果当时格德纳在产生这个念头时，没有在意，轻易将它放弃，那么结果又是另一番景象，也许他只能继续在原来的公司做他的小职员，一天天等待成功的来临，可是这种成功的希望又是多么渺茫。

但是当他的头脑里冒出这个新奇的想法时，他果断地将它抓住了，并且为自己所用，于是他成功了。

身在职场中，当我们的脑海里闪现出一个新奇的想法时，一定不要让它白白溜走，要大胆地去尝试并且用到你的工作中去，适当的时候要敢于向老板推荐。有的人说自己不敢向老板提建议，因为担心老板会否认自己的想法，继而产生冲突。其实，对于一个富有新意的想法老板是不会否定的，除非他是个傻瓜。

当你脑海里产生一个新奇的念头时，你是否曾经欣喜若狂，同时又总是有种种担心？你不敢行动，你有种种顾虑，你怕冒险，怕失败。

因此，你放弃了，可是当别人按照当初你所想到的方法去实践时，他们成功了，此时，你又会感到万分后悔。

成功往往得益于一个新奇的想法、一个一闪而过的念头。许多人成功了，那是因为他们能够在刚开始的时候就紧紧抓住这个念头，始终不放弃，不管前面是险滩还是坦途，他们都勇敢地抱着这个念头向着目标前进。

记住：成败往往就在一念之差。

■ 冒险才有机会

从前有三个兄弟，他们在20岁时准备出来闯荡世界，他们很想知道自己以后的命运如何，于是便一起去求教智者。智者见了他们，问了他们一个这样的问题："据说在某个遥远的地方，有一颗价值连城的夜明珠，假如让你们去取，你们会怎么做呢？"

老大听了平静地说："我生性淡泊名利，夜明珠在我眼里不过是一颗普通的珠子罢了，到那么一个遥远的地方去找一颗珠子，这样的事我不会去做。"

老二听了激动地说："不管遇到什么困难，我一定要把夜明珠取回来。"

老三则愁眉苦脸地说："我想得到夜明珠，但是路途那么遥远，路上险象环生，我怕还没取到夜明珠，就没命了。"

待他们回答完，智者沉思了片刻，便说："从你们刚才的回答中我已经知道了你们今后的命运。老大将会淡泊一生，将来难享荣华富贵；老二勇敢坚强，不惧困难，将来定能前途无量，名利双收；老三优柔寡断，胆小懦弱，注定将来难成大事。"

果然，10年之后，他们的不同状况证实了智者的话。老大还是个普通的老百姓，没钱没权，日子平淡如水；老二则成了颇有名望的商业巨头，享尽荣华富贵；老三日子过得穷困潦倒，非常艰难。

冒险对于一个人的成功有着非常重要的意义，只有敢于冒险才能取得成就。不敢冒险的人只能一生碌碌无为。过去很长一段时间里，人们对冒险的理解还带有相当贬义的色彩，而现在，人们越来越发现冒险精神的重要，因为冒险意味着向未知领域迈进的勇气，这种勇气是走向成功必不可少的前提。一个不敢冒险而梦想在安稳中取得成功的人是最懦弱无能的人。俗话说："舍不得孩子套不着狼。"想要取得比别人大的成绩，就要敢于冒比常人大的风险，任何成果的获取与付出的艰辛都是成正比的，没有哪个人的成功是完全靠运气得到的。

电影界的骄子"华纳四兄弟"是敢于冒险而走向成功的典型。他们出身于贫穷的补锅匠家庭，从小饱尝了人间的辛酸，但是这种艰难的生活激发了他们的冒险精神，使得他们不断地探索摆脱贫穷、走向富裕的道路。他们以小生意起家，并开过一家自行车行。

1904年，不安于现状的他们合伙搞了一架电影放映机，这在当时是非常冒险的一件事，但是他们知道如果不冒险，他们就没有任何生活的出路。正是这次冒险使他们从此与电影结缘。起初，他们的条件极其简陋，他们只有一架电影放映机和一部拷贝机，由于当时还是无声电影时代，放映电影时，就由他们的妹妹弹钢琴，由兄弟中最小的杰克伴唱。

之后，他们的事业一步步向上发展。1921年，迁居美国之后，他们的电影事业曾一度陷入低潮，但他们并没有灰心，而是凭借天不怕地不怕的精神东山再起。终于，1927年，他们成功地摄制了电影史上的第一部有声电影《爵士歌手》，这使得华纳兄弟影片公司一举成名，并且很快蜚声全球，成为世界知名度较高的电影公司。如今的成功与当初他们兄弟的冒险精神是分不开的。

世界上没有万无一失的成功之路，任何事物都在不停地变化，谁都无法预知明天，因此，要想成功就要敢于冒险，这样成功也就有了一半的可能。

犹太族是个敢于冒险的民族。漂泊不定的生活迫使犹太人不断冒险，时间一久，这种冒险就成了一种习惯，后来，这种习惯慢慢地就成了犹太人的一种民族精神。

20世纪60年代末，年近花甲、早已功成名就的哈默做了一件令无数人惊讶的事情——到利比亚把赌注押在两块油井租地上。很快，他的冒险成了真正的危险——巨资投入后滴油未见。当时，董事会中的多数人称这一举动为"哈默的蠢事"。大多数人觉得他简直就是把钱往火坑里扔。在这种巨大的压力下，哈默依然坚持心中的信念，他相信自己的冒险是值得的，他坚持把险冒到了底，结果证明他的冒险没有错。

相比而言，另外一个人冒的险更大：洛克菲勒曾以巨额资产购买利马油田。因为该油田中的油含硫量很高，炼制的技术问题当时尚没解决，在这种情况下投入巨额资金无疑是死路一条。但他以"虽千万人，吾往矣"的气魄一往无前地实施了自己的计划，最后终获巨大成功。

在生意场上，犹太人的冒险精神处处可见。在他们眼中，风险和巨利是成正比的，他们既敢赚大钱，也敢于担大风险。

犹太人哈同就是靠冒险精神取得了事业的成功，也赚了大钱。

哈同逃难来到中国，进入犹太人沙逊的洋行供职。手头上稍微有了点钱时，他开始放高利贷。不久以后，哈同就积攒了一笔钱。紧接着他便开始向房地产进军。

1883年，中法战争爆发，一时间，法国租界内的外国侨民惊恐至极，纷纷外逃，上海的地价一落千丈。

这时，身为沙逊洋行地产部主管的哈同，向老板建议大批购买地皮，多建房屋。他认为这种紧张局势不会很久，随着战争的结束，上海的市面很快就会重新繁荣，在地价暴跌时大批购买地皮，以后一定会大赚。

老板觉得哈同的建议很有道理，于是便按照哈同的计策大量收购了上海的地皮。果然不久，中法战争结束，法国殖民地进一步渗入中国领土，这不仅使原来迁出租界的人返了回来，而且南方各省又有不少人移居上海，进入租界。房地产价格暴涨，并且居高不下。沙逊洋行获利500多万两银圆，而哈同自己也一跃成为百万富翁。

在生意场上冒险就可赚大钱，在事业的道路上，冒险对于成功的意义同样重要。在事业之路上，随时都有很多机遇在等待我们，此时，如果没有冒险的勇气，不敢大胆抓住机遇，而是害怕失败，担心风险，那么成功永远也不会降临到你的头上。如果一个员工在工作中不敢表达自己的观点，害怕不当的建议会受到老板的指责，那么即使是好的建议也会被自身的怯懦扼杀。当然，这种人永远也不会有机会得到老板的青睐。

不敢冒险会束缚自己成长的手脚，同样也限制了自己走向成功的步伐，使自己困在安逸的小窝，不敢向辽阔的外界挺进，这样一来，即使你有多么远大的目标也无法实现。

人生之路风险丛生，只有敢于冒险，才有可能一步步走向成功。

第五章 发挥强项，做自己最擅长的事情

　　一个能力极弱的人肯定难以打开人生局面，他必定是人生舞台上重量级选手的牺牲品；成大事者关键在自己要做的事情上，充分施展才智，一步一步地拓宽成功之路。

■ 给自己定位

　　每个人的一生都需要给自己一个很好的定位，如果没有给自己定好位置，他的一生一定是盲目的，他注定不会辉煌。

　　"不想当将军的士兵永远不是好士兵"，这句话想必大家都非常熟悉，这是拿破仑曾经说过的一句话，很多人从这句话得到了收获。也就是说只有把自己的位置定为将军的士兵才是最好的士兵，因为他们有一颗上进的心，才有可能成为一名将军。在我们生活和工作当中也是这个道理，如果我们先对自己有个很好的定位，找好方向，努力去达到自己确定的位置，成功一定会在不远的前方等着我们。

　　一个人在世上生活一辈子，要是没有一个好的定位，就不会有宏大的目标，也就不会取得成功。想要自己的一生取得成功，就要给自己一个好的定位。只有在我们心里定下自己想要达到的地位，才有可能迈向成功。

　　有很多心理学家为了帮助我们给自己准确地定位，用了很多方法和测试工具。那么，怎样才能找到自己人生的位置呢？在我们为了取得成功不断努力的过程当中经常会遇到比自己强的人，在这个时候往往有些人会因为和别人的差距感到不高兴，对自己失去了信心，便一直生活在黑暗当中。

　　我们经常会看到，很多知名的企业和公司在招聘员工的时候，常常会有一个性格测试。他们的目的就是了解每个人不同的性格，然后根据你的性格把你安排到最适合你的岗位上。只有这样才会使你的能力充分发挥出来。正确地认识自己，找到自己的长处，给自己一个好的位置才能真正找到自己的奋斗目标。而只有有了正确的奋斗目标才会使我们的人生充满希望。

事实就是这个样子，有的时候我们只知道和别人进行比较，却迷失了自己，不知道自己身在何处，没办法给自己一个正确的定位。

如果我们失去了自己的定位，就找不到自己行动的方向，那么，就没办法去实现自己的理想。

在一个贫困的山区，那里的人们过着艰苦的生活，那里没有电，就连喝水也要跑到远离村子十几里的山下去打。由于生活的每个方面都很落后，他们始终都没有摆脱贫困给他们带来的痛苦。这里的人们都希望自己能走出这个让人感到伤心的地方，摆脱在这里所遭受的痛苦。可要想走出去，并不是一件简单容易的事，他们没有受过良好的教育，也没有多余的钱，就连到城里的路费对他们来说都是一个天文数字，于是他们几乎都已经放弃了这个想法。

可是有一个人并没有放弃这种想法，他有一个非常伟大的理想，就是不但要让自己走出山区，他还要带领这里每一个村民脱离贫困。他的名字叫鹏飞。

之所以叫这个名字是因为爸爸希望他有朝一日能够像一只小鸟一样飞出这个贫困的山区。在鹏飞小的时候爸爸就经常和他说："鹏飞你知道爸爸最大的心愿是什么吗？"小鹏飞说："是什么呀？"鹏飞的爸爸说："我这辈子最大的心愿就是能够从这里走出去，带领乡亲们脱离贫困。可是现在我已经老了，而且身体又不好，看来这个心愿是很难实现了，爸爸把所有的希望都寄托在你身上了，等你长大了一定要替爸爸完成这个理想。"正是这句话一直激励着鹏飞，为了实现爸爸的理想，帮助乡亲们摆脱贫困，鹏飞始终都没有动摇过要走出去的决心。

终于有一天，一个外商带着一笔资金来到这个山区准备在这里投资，这对鹏飞来说是一个千载难逢的好机会。如果他能接近这个投资人，就能有机会从这里走出去。一天，他终于有机会接近那个投资人了，鹏飞来到他面前说："先生您好，您是准备到我们这里来投资的吧？"那个投资人回答说："是的，可是我还没有做出最后的决定呢。"鹏飞又说："您为什么还没有决定呢？在我们这里投资一定会给您带来很大的利益。"投资人看了看他说："你怎么就知道我在这里投资就会有利益呢？"鹏飞说："我对这里很了解，这里所有的食品，包括蔬菜还有水果都是天然的绿色食品，还有山上的大理石，这些东西都可以开发，一定会给您带来利益的。"就在这个投资人犹豫不决的时候，听了鹏飞的这番话，又勾起了他投资的欲望。他对鹏飞说："那你可以先带我去看看你所说的东西吗？"鹏飞说："当然没问题，我非常愿意。"

在经过了一段时间的考察后，这名外商终于决定在这里投资了，而且还将鹏飞聘为工厂开采部的一名工人。

鹏飞虽然没有走出这个山区，可他另一个更加重要的梦想实现了，他帮助自己的乡亲们摆脱了贫困。因为投资商的到来，这里通上了电，也用上了自来水，给乡亲们生活的许多方面都带来了很大的改善。这些还都得归功于鹏飞，是他在关键的时刻坚定了投资商的信心，才使整个村子的环境有了巨大的改变。而能使鹏飞做这样一件事情的原因就是他对自己有着一个很高的定位，他始终坚持着自己的目标，那就是带领乡亲们脱离贫困。所以我们需要对自己有一个好的定位，它可以改变我们的人生。当我们对自己有了一个正确定位后，就会发现我们的身体时刻都充满力量，这种力量一定会帮助我们取得成功。

我们要知道自己需要做什么，知道我们应该如何去发展。不管你是做什么工作，都要明白自己最终要达到的目标，并且要在整体生活中思考。这件事情说起来很简单，可是人们对于事业的传统想法，很快就会把我们对生活的热情消减得越来越少。正是这种让我们难以改进的想法影响着我们的人生。我们每个人都在工作上遇到过困难，而在遇到困难的时候你会用什么样的方法去解决呢？有一些人会选择更加努力地工作，想通过更长的时间和精力来解决掉这些困难。还有一些人会不停地工作，把所有的事情都尽自己最大的努力来达到完美，他们希望能用这样的办法来获取名誉和财富。

那我们真正要做的是这些吗？答案是：不！其实在我们真正确定好自己的位置后，还要明白自己的特长是什么，自己更喜欢做什么，这才是正确的答案。如果我们选择了一条不适合自己的路走下去，你就会发现当你每走一段都会遇到很多麻烦，发现这条路越来越不适合你。如果你给自己定下了一个正确的目标，虽然在其间也会遇到困难，可是在每次战胜困难后你都会感觉到自己有了很大的收获，自己迈向成功的步伐更加坚定了。

一个人未来的发展在某些方面来讲，取决于对自己的定位。你把自己的位子定在第一，那么你就有可能是一名冠军。如果你把自己的位子定在第二，那么你永远都没有机会取得第一。一个人的定位决定着自己的人生，一个人的定位也可以改变自己的人生。

一个伟大的群体诞生的背后是由无数个小部分组成的，而每一个小部分都会有自己的定位，他们都要很清楚地明白自己的工作是什么，自己需要完成什么。只有这样才会是一个真正的整体，在他们遇到困难的时候才不会迷失方向，因为每一个部分、每一个人都知道自己该做些什么，都知道怎么去面对并战胜遇到的所有困难。

在我们的一生当中，如果对自己没有一个很好的定位就不可能产生宏大的目标。没有目标就更谈不上会取得成功了。如果你真的想取得辉煌的人生首先要做的就是给自己定位，要知道最适合自己的地方是哪里。

■ 给未来做计划

我们虽然看不见自己的未来，可是我们很需要有一份计划，需要明确自己的未来，是平平淡淡，还是忙忙碌碌，是贫穷，还是富有。有了这份计划后，就给我们增加了很多的信心，我想没有一个人希望自己的未来是贫穷和痛苦的，可是要想远离贫穷和痛苦就必须付出努力，很多成功的人，都对自己的未来有着很好的计划，他们按照自己的计划一步一步地去努力，一点点地去实现它，给自己打造一个美好的未来。

我们应该知道自己以后需要过什么样的生活，然后有一份很好的计划。

我们上面所讲到的计划自己的未来，并不是只要知道自己以后需要什么样的生活，而是要我们知道在达到自己未来目标期间我们需要做的所有事情。因为有了详细的计划，在遇到困难的时候才不会迷失方向，知道自己怎样去做，怎样去接近自己所计划的理想和目标。当然我们不只是计划，更需要的是坚持并用行动去完成自己计划的一切。要时刻记住，想要完成自己所计划的理想，我们不能够只是想和试，真正需要的是认真地去做，要有决心，一旦计划好了以后就要努力地去完成。一定不要抱着试试看的想法去做，因为只是仅仅抱着试的想法是很难取得成功的，那些取得成功的人，一定会对自己认定的事情下定决心坚持到底。

　　乔治从小就有一个梦想，他希望长大后能成为一名报社的记者。他想把社会上所有黑暗和不公平的事情登在报纸上，让每个人都知道。因为家里穷没有钱让他去专门的学校学习，他只能在普通的学校读书。在他初中毕业后，爸爸在一场重病中离开了他，家里再也没有钱拿出来给他交学费了。可是他并没有放弃自己想要当一名报社记者的理想。他开始计划，首先要找到一份工作来解决自己的生活问题，然后尽量不要远离自己喜欢的行业，最好能找到一家卖报纸的工作，能赚到钱还可以积累一些有关的经验。于是乔治开始为自己找工作，经过一段时间的奔波，他终于如愿找到了一份送报纸的工作。和他一起工作的是个和他差不多大的男孩子，可他要比乔治来得早一些，他已经在这儿工作快一年了。老板每天发给他们两个一样多的报纸，除了把别人预订的送完，还得把剩下的卖掉。一开始乔治不能完成老板交给他的任务，因为对道路不熟，在他送报纸的路上耽误了很多时间，剩下的报纸就没办法卖出去了，回来后就会被老板骂。老板骂他没用，另一个送报的男孩也嘲笑他。尽管乔治每天的日子都不好过，可他自己心里非常明白，他必须要坚持下去，因为只有这样他才能完成自己的理想。为了能熟悉路，每天上下班他都会选择一条不同的路走。没过多久他几乎已经熟悉了整个城市。每天都可以提前完成老板交给他的任务，老板看到这个年轻人这么聪明能干也变得非常地喜欢他了，就每天都多给他一些报纸让他多赚些钱。这时那个曾经嘲笑他的年轻人也不再针对他了，而是和乔治成了朋友。

后来乔治在送报纸的时候认识了一个以前在报社上班的退休工人，因为乔治每天都能按时把报纸送到他家，并且乔治也很会说话，所以他对乔治的印象不错，当他知道乔治的理想后，就答应帮助乔治在报社找一份工作。乔治正在按照自己的计划一步步地靠近目标去实现自己的理想。

在我们实现自己理想的时候一定不要惧怕困难，要坚定自己的信念，要大胆地去做，要记住当我们遇到困难的时候，就说明我们离成功越来越近了。许多人之所以没有完成自己的计划，失去了自己的理想，是因为他们缺乏坚持的决心且惧怕苦难。

我们对自己的未来需要有一份计划，而每个人对自己的未来都有不同的想法，有的喜欢平淡，有的喜欢充满挑战，有的喜欢富有。你的计划会改变你的人生，拥有宏伟而美好的计划，才会得到宏伟而美好的人生。

在一家销售公司的会议上，公司的总经理指了一下旁边的一个人这样说："大家看看我旁边这个人，他叫威尔斯。你们仔细看看在他身上有什么和你们不一样的东西吗？看看在他身上你们可以学到些什么？威尔斯每个月的销售业绩都会比你们高出三倍，难道他的智商要比你们其他人高出三倍吗？可事实不是这样的，根据我对他的观察，他的智商并不比你们在座的每一个人高。那是他的工作时间长吗？是他比你们多付出了三倍的时间吗？答案也不是。"

这时候整个会议室变得鸦雀无声，在场的每一个人都在仔细听总经理说的每一句话。

　　"那难道是威尔斯的销售区域和你们不同吗？他所承担的销售区域比你们好？而事实上他所在的销售区域要比你们的区域差得多。那你们一定会想是他的能力比你们高，当然也不是。他的学历在你们当中是最低的一个，他连大学都没有读过。那为什么他每个月的业绩都会比你们高出三倍呢？在我和威尔斯的谈话中我发现，是计划。是计划让他完成了别人不可以完成的事情。他每天都为自己制订一个计划，而且还要尽自己最大的努力去完成。而在他的计划当中，他每天所要完成的业绩都要比你们高，他每天都要完成这个目标。结果怎么样？每一个月他的业绩都要比你们高出三倍。"

　　给我们的生活和工作制订计划是件很重要的事，而计划的大小也就决定着你所实现目标的大小。

　　我们做人不能没有理想，而要完成理想是需要计划的。你有自己的理想吗？你对自己的理想有计划吗？相信每个人都会有自己的理想，无论是做什么。如果你对这些有点模糊，有一个办法可以让我们清楚地计划自己的理想。那就是用笔写下来。

　　在我们确定自己的理想到取得成功期间要付出很多的时间和努力，而在这期间很容易因为一些其他方面的影响，导致我们偏离成功的道路。最好的办法就是为自己写一份计划。这就等于我们对自己做出了承诺。我们会时刻受到它的暗示，它会直接影响到我们做每一件事情的决心，它所起到的作用是非常巨大的。

　　同样有理想的两个年轻人，一个叫艾伦，一个叫邦尼。他们从小就是好朋友，小学和中学都是在同一所学校里读书。他们都有着一个共同的理想，那就是成为一名著名的建筑师，他们要建设自己的家乡，要在自己的家乡盖一座世界上最漂亮的大楼。

有一天，邦尼完成了作业后突然想把自己的理想也写下来。经过反复的修改他终于写好了一份关于自己如何去完成理想的计划。写好这份计划后他非常兴奋，感觉自己身上充满了力量，恨不得马上就去实现自己的计划。

时间一点点过去了，两个人大学毕业后都如愿以偿地考上了建筑学校。而在这期间发生的一件事情差点让邦尼改变了自己的梦想。他在建筑学校就读期间，有一次某一家影视公司来学校挑选一个重大开幕式的演员，由于需要的人过多，所以不得不到各大学校来挑选合适的人。幸运的是由于艾伦和邦尼的身体条件好都被这家公司选中了。对一个孩子来讲，能够上台参加表演还可以上电视，这是一件多么值得高兴的事呀！两人为此激动得一整晚都没有睡觉。在通过了各种考核后他们终于赢得了这次机会。表演非常成功，他们表现得也很出色。甚至有很多人说，他们可以去当专业演员。回到学校没多久，他们居然收到了影视公司的通知说：如果你们对表演感兴趣，喜欢这个行业的话，我们可以免费培养你们成为专业电影演员。收到这份通知后，两人高兴得都要疯掉了，这简直和做梦一样，他们立刻就答应了。就当他们回到各自的家收拾东西的时候，邦尼无意中发现了自己曾经写下的那份关于理想的计划表。他恍然大悟，心想："我怎么这么快就忘记自己的理想了呢？看看上面的计划，我的理想是在我的家乡盖一座世界上最漂亮的大楼。"在他看完这份计划后，就决定放弃去当一名演员的想法，要坚持自己的理想，努力去完成。他这样做让艾伦很不理解，为什么摆在眼前的好机会我们要放弃呢？于是她离开学校去了那家影视公司。

在以后的日子里邦尼为了达成自己的理想刻苦地学习着。而艾伦如愿走上了当演员的路。

转眼间5年过去了，邦尼已经成了一名建筑工程师。在当地很多有名的大楼都是他一手设计的，而且他正在筹备资金准备在自己的家乡建一座摩天大厦。

可艾伦的演员梦想并没有实现，她经历了各种磨难后才发现自己的性格本来就不适合当一名演员。她非常后悔，为什么当初没有坚定自己的目标，而是被眼前一些暂时美好的东西冲昏了头呢！而且有一点她始终没有想明白，为什么邦尼在关键时刻还是没有动摇自己的理想？

事后她给邦尼打电话，邦尼告诉她说："是一份计划，是我当初为自己写的一份计划，当我每次迷茫的时候都是它提醒并坚定了我最初的理想。"

在我们完成自己理想的过程中，很容易只看到眼前暂时美好的东西，它会让我们迷失方向，而对付它最好的办法就是写一份计划，经常看一看，它会提醒我们最初的理想，让我们不会在中途迷失方向，帮助我们坚定完成梦想的信心。

■ 走自己的路

人生就像一条路，在路的旁边有很多岔口，在你选择了走哪一条之前，一定要认真地考虑好哪条路最适合自己。

美国女影星霍利·亨特一度被定位为矮小精悍的女人，在取得成功之前她并没有找到真正适合自己的路。后来，其经纪人根据她身材矮小、个性鲜明、演技非常富有弹性的特点，为她量身定做了一部影片，当出演这部电影后，她对自己有了重新的认识，并选择了最适合自己的路。她出演的很多影片，都得到了好评。在《钢琴课》里面，她发挥了自己的特点，将自己扮演的角色发挥得淋漓尽致，一举夺得了戛纳电影节的"金棕榈奖"和好莱坞的"奥斯卡大奖"。

霍利·亨特及时地认清了自己，找到了适合自己的路，通过自己努力的追求，最终取得了成功。

其实我们每个人都一样，只要我们选中适合自己的路，把握好方向，坚持走下去，就一定会取得成功。

想取得成功，付出加倍的努力是不可缺少的，除了付出努力以外我们还要找到一条适合自己的路，因为每个人都有不同的个性，不同个性的人就应该走不同的道路，要选择与自己的个性相符的路，那样我们才会走得顺畅。相反如果我们选择了一条和自己个性不匹配的路，你就会觉得每前进一步都很困难，发现这条路越走越窄，最终等待你的有可能是一条"死路"。如果是这样，那之前我们所付出的一切努力都将白费。

我们的时间是有限的，我们不会有太多选择的机会。我们一定要认真地思考，想想自己到底适合什么。有可能摆在你面前的有很多条宽敞的大路，可那些不一定适合你，我们不要因为受到眼前一些事物的影响，就迷失了自己。有些路很平整，但它不一定适合我们；有些路看上去虽然坎坷，但它或许能够给我们带来想要的一切，最重要的是选择适合自己的路，也许很多人都知道最好的不一定是最适合自己的，而最适合自己的就是最好的这个道理，所以最关键的是要做适合自己的事。

想要征服奥地利就必须翻过那座险峻的阿尔卑斯山，拿破仑非常清楚这一点。他派出了一队工程师，希望他们找到能够穿过阿尔卑斯山圣伯纳山口的方法，因为只有越过这个山口才会有胜利的机会。而事情并不是那么顺利，他派出的工程队回来后告诉他的结果让他很失望，他们没有勘察到合适的路。雄心勃勃的拿破仑非常渴望胜利，面对如此险峻的阿尔卑斯山他并没有退缩，他指着地图上一条小路问："如果通过这条小路直接穿过去有没有可能？"旁边的每一个人都感到非常吃惊，因为想要穿过这条小路是一件难度很大的事，一直以来还没有什么人能通过这条小路呢，因为很多地方都要经过悬崖峭壁，而且这次通过的不是几个人，而是一支军队，需要和他们一起通过的还有武器大炮和军用物资，这件事比登天还难。可是他们都很了解拿破仑，就吞吞吐吐地回答道："可能行吧……应该还是有一些可能性的。"他们没有想到拿破仑竟然立即下了决定。他说："那就前进吧。"他带着7万军队开始向这座险峻的大山进军。就当被围攻的马塞纳将军在热那亚陷入内外交困的时候,拿破仑的军团却犹如天兵一般神奇地出现了。他成功了,他带领7万军队穿过阿尔卑斯山,正是他在危难关头及时的出现,才使奥地利军队吃了败仗,他们不敢相信眼前这个身高还不到1米6的小个子竟然会有这样大的勇气和胆量。在他们心中阿尔卑斯山是没有人能穿越的。

可以这样说,在这个世界上生活的每一个人对同一件事情的看法都会不一样,总会有一些人会对某个人的做法或是想法提出一些异议,如果我们总是被这些异议所干扰,那就一定会迷失方向,不知道自己该走哪条路。坚持自己的看法,走自己认为对的路才是正确的选择。

有一只青蛙看见蜈蚣在行走。

它心想,我用四只脚走路已经很麻烦了,可那只蜈蚣那么多条腿,在它走路的时候怎么会知道自己先迈哪一条腿呢?青蛙感到非常好奇,就把自己的疑问告诉了蜈蚣。

蜈蚣说:"我一生下来就开始走路,可我还真没想过这个问题。你给我一点时间让我仔细想想再回答你。"

蜈蚣站在那里想了好一会,它却发现自己已经动弹不得了。它在原地晃了一晃就倒下了。它告诉青蛙说:"不知道为什么我的脚已经不能动了。"

有一条红鲤鱼在水下待得有些憋闷,它纵身越出水面,在外面深深地透了一口气，阳光明媚寂静的湖面突然闪过一道红色的亮光，鲤鱼身上的颜色很漂亮。

在落水之前，它听到岸上传来了一句赞美的话："快看多漂亮的红鲤鱼呀！"

红鲤鱼第一次听到别人对它的赞美，心里非常高兴，就连着跳了好几个水花，希望能得到更多的赞美。

水里的其他同伴都很羡慕它，就纷纷过来和它打招呼。在以后的日子里它每天都想听到这样的赞美。它决定这次要跃得高一些，那样收获就会更大。于是它憋住了劲儿猛地一跃，再次高高地出现在水面上方。

水外面的世界真是很刺激，红鲤鱼感觉自己很有成就感，它一边享受着外面的清爽，一边寻找那些以前赞美过它的人。

可这次等待它的并不是赞美的声音，而是一张捕鱼的网。当它被那张网收起来的时候也听到了那个人的声音，可并不是赞扬的，而是"哈哈！我抓到它啦！"就这样红鲤鱼永远地告别了在水里的生活，它即将成为人们餐桌上的一道美食。

有一对父子拉着一条毛驴进城，在路上他们遇到了很多陌生人，有的人对他们说："看这一对父子真傻，有毛驴也不知道骑，留着它做什么，真是一对白痴。"父子俩听了别人的话后觉得有道理，就让儿子骑在毛驴背上，父亲在前面牵着走。没走一会儿又有人对这父子俩说："快看这个年轻人真不孝顺，他自己骑着毛驴却让自己的父亲在地上走。"儿子听了别人的议论后觉得他们说得很对，就让自己的父亲骑在了老驴上而自己牵着毛驴走。可没走一会儿又有人对他们说："这个父亲怎么这个样子呀！他不知道心疼自己的孩子，自己骑着毛驴却让孩子在路上走。"父亲听了这番话后觉得说得很对，就把自己的儿子拉到驴上一起骑着毛驴走。可是他们还是遭到了别人的议论，一个老人对他们说："一只小小的毛驴要驮你们两个人它会累死的，你们就不能可怜可怜它吗？"父子俩实在是没有别的办法了，他们抬着毛驴往前走。结果议论他们的人更多了："快看这两个人是不是有病，只有人骑驴怎么现在变成驴骑人了呀！"

一个人只要做好自己应该做的，就是一件值得称赞的事情。要知道自己该做什么，并义无反顾地坚持到底。千万不要过于顾及别人的看法和议论，太在乎别人对自己的看法和意见，就会导致自己没有一点主见，做事没有决心，不知道自己到底适合做什么。每个人都有自己的生活方式，做自己喜欢做的事，走适合自己的路，千万不要因为别人的干扰而改变自己的看法和决定。

■ 展示你的才华

美国钢铁大王卡内基出生在一个贫困的家庭。

在他放学回家路过一个工地的时候，他看见一个衣着很华丽，样子很像老板的人在忙碌地指挥着工人们做事。

"请问你们在盖什么？"卡内基走上前去问那位像是老板的人。

"我们要在这里盖一座摩天大楼，给我们公司和其他的百货公司使用。"那人回答道。

"您真出色，我长大后怎么做才会达到您现在的样子呢？"卡内基用羡慕的语气问道。

"第一，你一定要非常勤奋。"

"这我知道呀，很多人都这样说，那么第二呢？"

"买一件红色的外套穿！"

听了这话，卡内基非常不解："这……这和成功有什么关系呢？"

"有啊！"那个人指着前面的一个工人说道，"你看那个穿红衣服的工人，我一直在注意着他，虽然他的能力和其他的工人差不多，但是我却特别地注意他，过两天我就会请他当我的助手。"

有时候我们必须要把自己展示出去，要学会推销自己，而不是把自己掩埋在群众里面，只有突出自己，你才会有机会展示自己的才华。

　　有很多人总是认为表现自己就是不谦虚，感觉就像自己喜欢出风头，会被身边的朋友议论，所以他们宁愿把自己的优点和才华一直埋藏下去，也不会把它充分地表现出来。如果你不能把你的才华展示出来，就不会被众人知道，那么，你也就不会得到应有的机会。有些人会觉得很委屈，为什么自己有一身的才华，却没有地方让他们显示自己的能力，却没有人发现自己的优点。可他们却没有想过，你不把自己的才华和优点展示出来又有谁会知道呢？如今社会竞争如此激烈，有能力的人不止有你一个，如果你对自己一直保持沉默就没有人会注意到你，只有把自己的能力和才华展示出来，才会在众人中脱颖而出，才会给自己带来机会。

　　有些时候沉默并不一定就会给我们带来好运，恰恰相反，如果你在遇到事情的时候都选择沉默，那就会错过本来属于自己的机会。有很多事情一旦我们选择了沉默，就代表我们选择隐藏自己，选择了无所作为。有很多人之所以能取得成功是因为他们都喜欢积极地表现自己，虽然他们用的方法都不一样，可是他们都属于善于表现自己、积极向上的人。可那些没有取得成功的人，有一大部分都是不善于表现自己，有的甚至根本就不会表现自己，不能让自己优秀的一面充分地展示出来。

　　在一堂数学课上，老师向所有同学提出了一个问题。有一个孩子知道这个问题的正确答案可他并没有举手，他认为这道题其实一点也不难，如果自己举手回答同学们就会说他爱出风头，处处炫耀自己，于是他没有回答这个问题。可另一个孩子并没有这么想，他认为只要是老师提问的问题，如果我会，就要举手回答。在他回答完这个问题后，并没有人会说他喜欢炫耀自己，而有一部分人还对他投去了羡慕的目光。

如果我们想做一个杰出的人，就不要在意别人怎么去说自己。往往那些取得了成功的人，会容易让别人感觉自己爱出风头，喜欢别人用奇怪的眼光注视自己，他们觉得只要你取得了成功，那么所有人对你的看法就都会改变。

有很多取得成功的人都会有一个共同的看法，他们说："人既然生活在这个世界上，就一定要有所表现，也只有表现自己才能使自己从众人中脱颖而出。"因此他们在遇到事情的时候总是积极地表现自己，在上学的时候他们就会在学校里表现自己，让老师和同学们看到自己的优点。当他们步入社会参加工作后，他们努力地工作，充分表现自己的能力，得到了同事和领导的认可。可那些失败者更多的时候宁愿放弃就在身边的机会，也不愿意表现自己，他们的生活完全是一种随遇而安的状态。

每个成功者都很清楚，他们只有把自己的坦诚表现出来，才能让别人知道自己是一个工作认真、做事敏捷的人；而失败者却认为表现自己就是在炫耀自己，就是在自吹自擂，会遭到别人的鄙视，他们认为只有保持沉默才是最好的做人方式。

有一户人家，养了一只猫和一只狗。这只狗非常勤快，每当主人不在家的时候，它都会时刻坚守自己的岗位，到处巡视生怕家里来了小偷。当主人回到家的时候它才会放松一会，躺在自己的窝里休息。它的确是一只很出色的好狗，它时刻保护着主人财产的安全。可这只猫呢，只要主人一出去就会躺在家里睡觉，才不会去管家里发生什么事情呢。当主人在家的时候它就会表现得很精神，只要一有声音它都会跑过去看看。在主人的眼里猫要比狗勤快得多，它自然也就赢得了主人的喜爱。终于有一天狗被主人赶出了家门，在它离开的时候还没有明白，为什么自己这么努力地去做事还得到这样的结果。

我们只有充分地展示自己的优点，积极地表现自己，把自己最好的一面展示出来，才会有取得成功的机会。

那些成功人士有时候会对自己的长处和优点进行宣扬，他们这样做并不是炫耀自己，他们只是以最大的努力展示自己，让别人了解到自己的价值。而失败者总是用一种消极的心态面对事情，他们觉得如果自己保持沉默，别人就不会看到自己的缺点，可他们有没有想过如果不把自己展示出去，别人又怎么会看到他们的优点呢？

成功者对自己的每个方面都很在意，并且一步步地完善自己。比如，如何与别人交流、自己的外表形象、自己的知识和能力，他们对自己的每个方面都很下功夫，希望通过这些可以改变别人对自己的看法，给别人留下好的印象并得到别人的赞同。失败者却对自己很多东西都不在意，他们觉得一些小的细节是无关紧要的，最重要的还是内心，他们外表邋遢，这严重影响了他们的内涵和修养。

在遇到一些关键事情的时候，成功者尽管会感到紧张，但他们却都有一种绝不服输的精神。他们总是尽自己最大的努力把自己优秀的一面展示给其他人看，希望通过表现自己出色的能力可以吸引到别人的帮助，即使遇到一些突发的事情他们也会寻找机会扭转局面。而失败者在遇到这样的事情的时候，总是表现得犹豫不决，他们内心总会有愧疚的感觉，让别人感觉到他对此事没有一点信心和把握，认为他做事并不可靠，自然也就不会赢得其他人的信任。

这个社会上有两种人。一种人是遇到事情积极向上，会把自己的优点充分地表现出来；另一种人是遇到事情沉默寡言，始终把自己掩埋在众人之中。同样的生活我们为什么不去做第一种人呢？即使有些时候我们表现出了自己的缺点，可这也是一件好事，因为我们会正确地认识到自己的缺点并加以改进。总之，在这个过程中不管我们做出了什么样的表现，那都是对我们的一种锻炼，我们可以从中积累到很多信心和勇气，为我们取得成功奠定更好的基础。

在取得成功当中虽然离不开个人能力，可这并不是最关键的。能把自己充分地表现出来才是重要的。可以这样说，一个人把自己的能力表现得越出色那他就越接近成功，取得的成绩也就会越大。其实很多人都想把自己的能力充分地表现出来，可并不是每个人都能做到，原因就是他们欠缺表现的欲望，正因为他们内心的表现欲望不强，才导致他们根本就不想把自己的优点和才华展示出来。

表现，就是把自己有意识地展示给其他人看。对当今社会的人们来说，想要在工作中取得更好的成绩，让自己的能力有所提高，就一定要有强烈的表现欲望。

一个大学生刚毕业，他被分配到一所学校里面去教书。刚到学校的时候由于欠缺经验，对工作的流程不熟悉，做什么事都不顺利。可他在面对困难的时候并没有退缩。他相信只要经过自己的努力就一定会战胜眼前的困难。他开始尝试主动地表现自己，经过一段时间的努力，不管是学校的领导还是学生，都非常认可他。于是，他主动地要求担任一个学习状况比较差的班级的班主任。为了把学生带好，证明自己的能力，他认真地备课，还经常去以前一些学习成绩差的同学家里，给他们鼓励帮他们补课。时间过得很快，这个学期的期末考试结果出来了。结果他带的这个班级不但摆脱了最差班级的命运，还取得了明显的进步。

从此事当中我们不难看出，表现出自己的努力不但可以帮助我们提高业绩，同时也可赢得别人的信任。我们内心表现自己的欲望并不是与生俱来的，它主要是来自平时积极的尝试和锻炼。如果我们把自己的优点和才华充分地展示出来，就会得到意想不到的收获。

■ 挖掘自身潜能

在一个阳光明媚的春天，每个人都享受着大自然的清新，两个孩子正在自己家的阳台上玩耍，弟弟和哥哥正在玩捉迷藏，家里没有其他的人，妈妈马上就要下班了，两个孩子一边玩耍一边等着妈妈回来，就在这时候，哥哥对弟弟说："快看，妈妈回来了。"他们在阳台上可以看到从远处下班回来的妈妈，弟弟的年纪小，看见妈妈回来很高兴，一不小心脚下没有站稳，从阳台上滑了下去，妈妈看到后丢掉自行车，飞快地向楼下跑了过去。在一刹那间她只有一个想法，就是跑过去接住自己的孩子，而出乎意料的是她真的做到了。后来有人计算过妈妈奔跑的距离和时间，就是一个世界短跑冠军也没办法做到妈妈奔跑的速度。

每个人都有自己的潜在能力，而这种潜力往往是在千钧一发的时候才被激发显露。

在我们每个人的身上都潜伏着很多的能量，它通常是在极为关键的时候会突然爆发出来。我们称之为"潜能"。这种能量是巨大的，有时候我们自己都不敢相信，这是自己身上的力量，它完全超乎了我们平时的能力，可是它并不会随意表现出来，它是一直潜伏在我们身体里面的一种能量，我们要懂得如何把它激发出来。如果你没有把你的潜能激发出来，它就会一直潜伏在你的身体里，也不会起到它的作用，如果是这样，那我们就是在浪费自己的潜能。原本每个人的生活都会比现在好一些，比现在更快乐些，只是我们还没把自己的能量全部挖掘出来，如果我们将自己的力量挖掘出来并充分地利用，它将会帮助我们赢得更加美好幸福的人生。

在我们生活的周边到处都有这种成功激发自身潜能的人，有的时候人们面对更大的挑战往往不敢接受和面对，其实我们通常看来不可能的事情，是完全有可能变为现实的，只是我们自己还没有发现自身的能量而已。有时候在一种特殊的环境下，这种潜能才会被激发出来，才会被自己所发现。这时候我们会感觉到它的力量是如此的巨大，甚至都无法相信。

每个人的身体里都隐藏着巨大的潜力，它在等着我们去发现，去激发。如果我们得到了这种潜能，也就得到了无穷的信心和力量。

在取得成功的路上，每个人的起点都是一样的，大家都站在同一个起跑线上，你要是想让自己表现得更加显眼，想第一个靠近终点，那么，唯一的办法就是跑在最前面。不管在做什么事情的时候都要处处领先于别人，可是要做到这一点显然也不是一件容易的事情，我们需要把握住每一件小事，从中看到每一个机会，一旦我们发现了机会就要发挥自己的全部能量去抢先完成它，使自己一直处在一个领先的位置。我们应该相信自己的能力，没有试过就不应该轻易否定自己。

在这个世界上生活的每一个人，都不是完美的，每个人都有他脆弱的一面，同样也就有着坚强的一面。

其实每个人的身上都有着自己特殊的能力和别人没有的才能。不管是一个非常聪明的人，还是一个特别愚蠢的人，他们都具备这样的条件，都有自己可以完成的事情。可有很多人，却认识不到这一点，他们只是记得自己那些没有完成的事情，却忽略了自己成功的一面，这样潜伏在他们身上的力量，就一直被埋藏着。如果我们过于注重自己失败的经历，就会产生一种自卑的心理，而这种心理会限制我们做很多事情，也会阻碍我们前进的步伐。

我们每个人的潜能是与生俱来的，只是有些时候我们的心灵禁锢了自己的思想，这样我们的潜能才没有机会表现出来。如果我们能够冲破限制自己的界限，我们的潜能就会被释放出来。

一般人都会把自己的缺陷想方设法地掩藏起来，这样未必是一种正确的做法，这种掩藏会让存在缺陷的人更加不自信，从而使自己活得很累。我们可以看到那些取得过成功的人一般会把自己的缺陷全都暴露出来，就是因为他们有了这样的勇气，暴露出的缺陷不但不会把他们打垮，相反地，这些缺点帮助他们激发了掩藏在身体里的潜能和勇气。在他们把自己的缺陷暴露出来的时候，他们同时也战胜了妨碍自己的最大敌人，此时他们不会再觉得自己比别人差，他们相信自己，用乐观和奋发去面对所发生的一切事情。他们的缺陷促使他们更加地努力奋斗，在遇到挫折的时候也不会轻易失去勇气，他们时刻坚定着自己的信心，从不在任何困难面前退缩。而正是这种不懈的努力和坚持，激发了他们的潜能，最终他们都走向了成功。

这些成功的人从不为自己的缺陷感到气馁，而是把他们的缺陷当作一种资本，变为使他们达到成功的一个帮手。每个人都有自己不足的地方，而那些真正取得成功的人往往都会很坦然地面对自己的缺陷。我们应该学会把自己的缺点展现出来，然后努力去克服它、战胜它，有缺点并不可怕，可怕的是你一直把它掩埋在自己身上，那么它就会是陪伴你一生的缺点。

如果一件事情每个方面都很完美，也就缩小了我们的发展空间，那么我们的生活和工作就会没有意义。可以这样想，如果把缺陷比喻为一个吸收我们力量的气球，那么当气球炸开的时候就会爆发出一股巨大的力量。所以缺陷往往也会给我们带来意外，帮助我们创造出新的奇迹。

在我们发挥自己潜能的同时，一定会被许多事情干扰，其中恐惧是在发挥潜能时必须战胜的。在你实现自己目标的时候，如果你用的是一个积极的心态，你的信心就会加强，那么取得成功就不是一件极为困难的事情。如果你用的是一个消极的心态，你就会充满恐惧，那么你最后的结果只能是失败。恐惧一般都是心理作用产生的，可是也必须要承认它的存在，并且把它看成是阻止我们发挥潜能的主要原因。其实恐惧是我们心里的一种感觉，有一种方法可以战胜恐惧，那就是把它和潜能连接起来。

在这个世界上没有什么是不可能的事情，所有的事情都是相对的，就看你用一种什么样的心态去面对它。其实这个世界上最难征服的就是自己，内心的恐惧是我们最大的敌人，很多时候我们害怕自己没有能力去完成一件事情，那是因为我们没有胆量去尝试，是因为我们没有战胜自己内心的恐惧，只要我们坚定自己的信念，激发自己的潜能，相信所有的困难和恐惧都会被我们打败。

不管任何人在做某一件事情的时候，都是有自己的原因的，他们都有自己想去的方向。在做每一件事情的时候，都会根据自己的信念去到达自己最想去的地方。信念也可以激发我们的潜能，可它同样也可以毁灭我们的潜能，这需要我们用一个正确的方式去面对。其实，信念在我们的人生中起着引导的作用，当我们遇到每一件不同的事情的时候，心里面都会呈现一个不同的景象，而就是这些景象引导着我们的行为，信念使我们找到方向，也就决定了人生的品质。

在这个世界上每一个成功者在取得成功期间，都会遇到各种困难和挫折。是那些存在于他们脑子里的一个个小小的信念激发了他们的潜能，让他们的能力不断地提升，在战胜了各种困难的同时也朝着自己的理想一步步迈进。

第六章
切忌让情绪伤害自己

　　心态消极的人，无论如何都挑不起生活的重担，因为他们无法直面一个个人生挫折，成大事者往往会调整心态，即使在毫无希望时，也能看到一线成功的亮光。

■ 保持积极的心态

每一个人都应该保持积极的心态，因为积极的心态是每个人的长处，也是一种毫不神秘的东西。积极的心态，能够激发起我们自身的所有聪明才智，能够使我们走向成功；而消极的心态，就像蜘蛛网缠住昆虫的翅膀、脚足一样，束缚住我们的才华，让我们一步一步地走向失败。

在美国，有一些社会学家做过一项研究，他们从《美国名人录》中随机选出的1500名有突出成就的人的态度和特性。《名人录》收录的主要标准和条件不是财富，也不是社会地位，而是目前在某一领域中的成就。他们的研究结果表明，最成功的人都表现出许多相同的特性，积极心态就是其中5项影响成功最重要的因素之一，这一因素得到了77%的支持率。

由此可以看出积极心态的重要性了，正如这样一段话：积极心态好比航标灯射出的明亮光芒，在朦胧的人生海洋中，引领着人们走向辉煌。高高举起积极心态之旗的人，对一切艰难困苦都无所畏惧；相反，积极心态之旗倒下了，人的精神也就垮了下来，而从来就不曾拥有过信念的人，对一切都会畏首畏尾，在漫长的人生旅途中抬不起头、挺不起胸、迈不开步，整天浑浑噩噩，看不到光明，因而也就感受不到人生的幸福和快乐。

是啊，积极的心态能使一个懦夫变成英雄，从心志柔弱的人变成意志坚强的人，由软弱、消极、优柔寡断的人变成坚定果敢的人。我们先来看看下面这个小例子。

在一次水灾中，一个拥有积极心态的人被大水困住，他没有办法逃出去，所以只得爬上屋顶，一段时间后，他的一位邻居划着小木板漂了过来，对着这个人说："怎么样，我感觉这次的大水真可怕，你呢？"这个人回答说："不，它并不可怕，而且对于我来说并不是一件特别糟糕的事情。"邻居有点吃惊，就反驳道："你怎么还这么乐观，你的家、你的鸡舍已经被冲走了。"这个人又回答："是的，我知道，但是我6个月以前所养的鸭子这时正在附近游泳。""可是，这次大水损害了你的农作物，难道你一点都不在乎吗？"这位邻居坚持说。这个人仍然不屈服地说："不，我的农作物因为缺水而干枯了。就在前几天，我还在想办法，要如何把我的庄稼地浇更多的水，现在这个问题已经解决了。"

可是这位悲观的邻居仍然不死心，再次对他那位乐观的邻居说："但是你看，大水还在上涨，就要涨到你的窗户了。"这位乐观的朋友笑得更开心了，说道："我希望如此，这些窗户实在太脏了，需要冲洗一下。"

从这个小例子里，我们看到，拥有积极心态的人用积极的态度来应对各种情况。心态，我们的解释是为达到某种目的而采取的心境或姿态。心态积极，意味着经过一段时间以后，即使遇到消极的情况，你也能使心灵自动地做出积极的反应。但是为了达到这种境界，你们必须以很多良好、有利的信息来充实你的心灵，甚至随时保持这种状态。

　　积极心态是任何人都应该具备的，也是所有人都应该拥有的，只有如此，你的生活才会更愉快，工作也会更轻松，成功的道路会更宽阔。

■ 心态决定人生

人生的成功或失败、幸福或坎坷、快乐或悲伤，相当一部分是由人自己的心态造成的。只要你拥有积极的心态，你就可以缔造出一个幸福、快乐的人生。

那些对人生态度积极的人，他们都怀着远大的目标，并一直都为此不懈努力着。我们来看一个例子：

纽约的零售业大王伍尔沃夫的青年时代非常贫穷，那时他在农村工作，一年中几乎有半年的时间是打赤脚的。当他成功以后，他常常说："我成功的秘诀就是将自己的心灵充满积极思想，仅此而已。"是啊，如果一个人没有充满积极的心态，那么他根本不可能成功。

伍尔沃夫的创业是靠借来的几百美元，当时他在纽约开了一家商品售价全是5分钱的店，曾经全天营业额还不到2.5美元，不久后他的经营就失败了。在此以后他又陆续开了4个店铺，有3个店完全失败。就在他几乎丧失信心的时候，他的母亲来探望他，紧紧握住他的手说："不要绝望，总有一天你会成为富翁的。"就在母亲的鼓励下，伍尔沃夫面对挫折毫不气馁，更加充满自信地开拓经营，最终一跃成为全美一流的资本家，建立了当时世界的第一高楼，那就是纽约市有名的伍尔沃夫大厦。

伍尔沃夫的成功，就是他具有了积极的心态。这是所有白手起家的成功者都具备的同一素质，他们运用积极的心态去支配自己的人生，用乐观的精神去面对一切可能出现的困难和险阻，从而保证了他们不断地走向成功。而许多一生潦倒者，则普遍精神空虚，以自卑的心理、失落的灵魂、失望悲观的心态和消极颓废的人生目的作前导，其后果只能是从失败走向新的失败，甚至是永远沉溺于过去的失败之中不能自拔。

大家可以画一张表，仔细地观察比较一下我们大多数人与成功者的心态，尤其是关键时候的心态，就会发现心态导致人生产生惊人的不同。

积极的心态并不能保证事事成功，但积极心态肯定会改善一个人的日常生活，而相反的心态则必败无疑，从来没有消极悲观的人能够取得持续的成功。人不应该有漠然的心情，除非是有轻生的念头。只要想在这个世上生存，就应该为了完成某种目标而努力。消极地对付不如积极地行动，也就是满怀希望地生活。拥有信心，不断努力，同时不停地想象未来，这才可以引导你走上成功之路。

享受成功的是自己，承担失败的也是自己。我们对于自己的事应该认真。没有人比拥有信心的人更强大，最初信心很薄弱的人，也可以慢慢锻炼和培养。

积极的心态与消极的心态一样，它们都能对你产生一种作用力，不过两种作用力的方向相反，作用点相同，这一作用点就是你自己。为了获取人生中最有价值的东西，为了获得自己家庭的幸福和事业的成功，你必须最大限度地发挥积极心态的力量，以抵制消极心态的反作用力。当一个人没有了积极心态时，那么随之而来的将是信心的失去，一个没有信心的人，做事是无法成功的，至于获得人生巨大成功，则更是无法想象的事。也只有具备积极的心态，你才能更容易地走向成功。正如这样一句话：任何成功，都是身心互相配合的结果。运动员是以开发身体潜能为主，但如果没有健康向上的积极心态，没有大脑的聪明智慧和正确的判断力等，则不可能取得任何成功。可见，成功依赖于健康，而从根源上说，成功则是依赖于积极心态。

■ 要有乐观的心态

乐观会给生命注入一份活力与生气，可以让我们摆脱苦闷与烦恼，让我们更加珍惜现在的生活，以更好的心态来面对自己的人生。

快乐是我们生命中的阳光和雨露，它让我们的生活更加多姿多彩；快乐是治疗我们心灵疾病的一剂良药，有了它我们将会更加健康。

有这样一个小笑话：两个盗贼，看到一个绞刑架。其中一个愤愤地说："该死的东西，如果没有它，我们的日子将会好过很多。"另一个却骂道："白痴！如果不是它，哪轮到我们吃这碗饭啊！"同样的环境，却会有不同的心情，关键就在于思考的方式不同。具有乐观心态的人，对生活总是充满了希望。在面对困难时，他们也会更加积极地行动起来。他们有时甚至有点阿Q精神，会替失败找出很多借口，然后再笑嘻嘻地转身离去。无论生活中遇到多少的困难，都很少会伤到他们。而悲观的人好像命运的玩偶，他们在困难面前无能为力、垂头丧气，要不就怨天尤人、自暴自弃，哪怕一点小小的挫折，都会对他们造成很严重的打击。我们要培养乐观的心态，合适的时候，要学会苦中作乐。这不是一种自我麻痹，也不是消极退却。生活中，能伤到我们的只有自己，只要你有一个乐观的心态，就算遇到再大的困难，也可以从中走出来。

林肯说过，大部分的人只要下定决心都能很快乐。那么，我们如何培养自己的乐观心态呢？培养乐观的心态一般可以分为以下8步：

（1）常常与乐观者在一起，因为乐观者往往都是具有积极心态的人，同时不要浪费时间去读或者去看别人悲惨的小说或事例。

（2）从事有益的娱乐与教育活动，为什么呢？因为从事有益的娱乐或教育活动能让我们从身到心都得到一定的放松，这样能让我们的心态变得更加乐观。观看介绍自然美景、家庭健康以及文化活动的录像带；挑选电视节目及电影时，要根据它们的质量与价值，而不是注意商业吸引力。

（3）龙虾为什么会在某一时间内脱掉现有的壳，这是因为龙虾脱掉现有的壳会换来更好的壳，所以我们应该学习龙虾。生活中发生变化是很正常的。每次发生变化，总会遭遇到陌生及预料不到的意外事件。不要躲起来，使自己变得更懦弱；相反地，要敢于去应对危险的状况，对你未曾见过的事物，要培养出信心来。

（4）在你生活中的每一天里，写信、拜访或打电话给需要帮助的某个人，向某人显示你的信心，并把你的信心传给别人。

（5）改变你的习惯用语，从你的习惯用语当中去体悟那一点点的积极和乐观。当一天的工作忙完了以后，回到家面对家人时，不要说"我真累坏了"，而要说"忙了一天，现在心情真轻松"，在工作中不要说"他们怎么不想想办法"，而要说"我知道我将怎么办事"等。

（6）在幻想、思考以及谈话中，时刻表现出你的健康状况很好。

每天对自己做积极的自言自语。学会自己娱乐自己，多想想我今天是多么的快乐，或者在心里对自己说：我是不是越来越年轻了。不要老是想着一些小毛病，像伤风、头痛、刀伤、擦伤、抽筋、扭伤以及一些小外伤等。如果你对这些小毛病太过注意了，它们将会成为你"最好的朋友"，经常来向你"问候"。你脑中想些什么，你的身体就会表现出来。

（7）重视你自己的生命，因为自己并不比别人差，要在心里一直对自己说：我是最棒的。只有自己重视了自己，才能得到别人的重视。你不要说："只要吞下一口毒药，就可获得解脱。"不妨这样想："信心将协助你渡过难关。"由于头脑指挥身体如何行动，因此你不妨从事最高级和最乐观的思考。

（8）把星期天变成培养良好信心的日子。到野外郊游，找一两个知心朋友小聚，看一本自己喜爱的书，和家人共进晚餐等，这些美好的情景都能帮助你找回信心。

■ 保持平常心

有一个平和的心态，保持一颗平常心，懂得凡事不过分为难自己，这对一个人的事业是有很大益处的。

什么是平常心呢？有人向一位禅师请教这个问题，禅师说："平常心就是饿了就吃，困了就睡。"

"那么不平常心又作何解释呢？"禅师说："不平常心就是该吃饭的时候不吃饭，百般折腾；该睡觉的时候不睡觉，千般计较。"

平常心就是不管遭遇什么样的艰难困苦，都能虚怀若谷、大度包容，以平和之心对待，不过分忧愁，不过分欢喜，遇到烦恼之事懂得为自己开脱，家有喜悦之事依然让自己保持谦虚。

但是，平常心不是看破红尘，没有进取心，失去生活的热情，整日浑浑噩噩，无所事事；也不是惧怕困难，不敢向前一步，或者裹足不前，原地踏步；更不是在得失之间无法承受外界的打击，失去生活的勇气。

让自己保持一颗平常心并不困难，只要你能控制自己的欲望，不过分奢求，不过分贪婪，得到自己该得的就能心满意足，得不到也不过分苦恼，为难自己。在浮华的世界里能够让浮躁的心静下来，凡事多一分洒脱，多一分从容。放松自己的心情，让自己保持快乐的心情，这就是平常之心。

一位哲学家曾说："你不能延长生命的长度，但你可以扩展它的宽度；你不能控制风向，但你可以改变帆向；你不能控制天气，但你可以控制自己的情绪；你不可以左右环境，但你可以调整自己的心态。"

有个男孩向父亲抱怨，说他的工作非常不顺，虽然他很努力地去做，却还是不尽如人意，烦恼丛生。他觉得自己压力很大，却找不到解决的办法。他不知该如何应付，想要自暴自弃。

父亲听了他的话，没有说什么，而是带着他走到厨房里。身为厨师的父亲拿出三口锅来，然后倒进去一些水，把它们放在旺火上烧。等水烧开以后，他让男孩往第一只锅里放根萝卜，第二只锅里放只鸡蛋，最后一只锅里放入碾成粉末状的咖啡。男孩照做了，但是他不明白父亲想要做什么。

他问父亲，父亲却说："等会儿你就知道了。"男孩只好接着往下做。10分钟后，父亲说可以关掉火了。父亲又吩咐他把锅内的东西盛出来。于是，他把萝卜、鸡蛋和咖啡都盛入碗中。这时，父亲走过来，问他："你现在看到了什么？"

"萝卜、鸡蛋、咖啡。"他回答。

"那么，你现在用手去摸一下这根萝卜，你能明白什么？"他摸了摸，注意到萝卜变软了。父亲又让他把一只鸡蛋剥开，并问他鸡蛋是软还是硬。他回答说："当然变硬了啊。"最后，父亲让他品一下咖啡，并问他咖啡是否好喝，他笑着说很香。

做完这些之后，他的父亲走过来平静地说："这三样东西都经过同样的逆境——开水的煮沸，但它们最后的情况各不相同。萝卜入锅之前很硬、很结实，就像人一样非常强大、毫不示弱，但经过开水的煮沸之后呢，它变软了，变弱了；而鸡蛋呢，它原来是易碎的、不堪一击的，就像那些胆小懦弱的人一样脆弱，它用薄薄的外壳保护着它容易流失的内脏，但是经开水一煮，它的内脏变硬了；而咖啡呢，在进入沸水之前，它们是粉状的，但是在进入水中之后，它们跟水融和，便成了咖啡，它改变了水。这三样东西其实就跟人一样，你觉得你是哪个呢？"

当遭遇逆境时，你是学萝卜、鸡蛋还是咖啡？你是屈服地变软，还是坚强起来，或是依靠自己去改变环境？你怎么做，取决于你对生活的态度——是否有一颗平常心。如果你不能正视那些不利的方面，你就很难做到摆正自己的心态，让自己做出成绩来。

要以平常心对待那些失落、打击和不快，要懂得这才是真正的生活，这才是富有意义的生活。

在职场中保持一颗平常心非常重要，职场如战场，这里有激烈的竞争，残酷的杀戮，我们会遍体鳞伤，会遭遇各种各样难以预料的打击和危险，这时保持平常心对于缓解我们的压力来说就显得尤为重要。

有一个女孩，大学毕业后，凭借自身的努力到一所学校做了一名普通的教师。当时她之所以选择教师是因为人们都说这份工作轻松，待遇也不错。于是她满怀热情、豪情万丈，立志做一个受人爱戴的好老师，在教师岗位上做出一番成绩来。

可是几年下来，她发现教师工作并不是她所想象的那样简单，她整天起早贪黑，却还要受各种气——学生的调皮、家长的不理解、领导的压力。她一直是个争强好胜的人，因此总是力求将工作做得更好。但是一年下来她感到很累，工作得不到认可，她看不到工作的意义何在。渐渐地，她开始失眠，记忆力下降，精神不集中，她不知道自己怎么了，似乎找不到人生的坐标和意义，她似乎顶着一块巨石在生活。那些来自工作、感情和家庭的种种压力令她无法呼吸，无法快乐起来，她整日忧心忡忡，不知道将来的生活会怎样。

后来，她碰到一个高中同学，那位同学在一家大公司工作，每月拿好几千元工资，她不禁羡慕地说："你的工作多好啊，待遇这么好。"谁知，这个同学却苦笑着说："你看看我的脸色，都憔悴成什么样子了。我已经有一个月没有休息了，我这一个月住在公司，每天都工作到深夜。我们单位里已经有一个人累得病倒了。这工作简直不是人干的。"

女孩怔住了，她没想到这个一直以来令她羡慕的工作也有人不满意。终于，她明白了：原来，世界上没有一个工作是既轻松又可以挣很多钱的，所有的工作都是辛苦的，关键是自己以一个什么样的心态对待。

在职场中会遇到各种困难，有工作中的，也有人际关系上的，更有来自自身的压力和烦恼，这些都是难以避免的，我们所要做的就是如何在这种情况下让自己保持快乐的心情。要学会事事随缘，不要过分勉强自己去做无法做到的事，不要逼迫自己去实现无法达到的目标，要学着为自己开脱，这样才能保持心理健康，才能把工作做好。

有人视工作为乐趣，也有人视工作为苦役。有人把公司当成天堂，有人把公司当成地狱。其实公司只是一个工作的场所而已，它本身没有善恶之分，只是人们给它赋予了某些意义。如果你能心态平和，那么公司就是天堂；相反，它就是地狱。

最重要的事是将工作做好，而不是计较其他的细枝末节。有的人之所以总是苦恼，是因为他一直在乎很多无关紧要的东西，让这些小事浪费了自己的精力，这样一来，不仅工作没做好，反而还让自己心情郁闷。

保持平常心，就要凡事不勉强自己，要尽力去做，但是对尽力之后仍无法做成的事就不要再苦苦求索、拼死拼活了。有的人在工作出现困难、人际关系紧张的时候总是苦恼万分，无法让自己心平气和，这种心态对一个人的事业是不利的。工作中出现困难、矛盾是常事，我们无法左右别人的想法，但是我们可以左右自己的心态。凡事往好处想，保持宽容之心，不要过分要求别人、苛责别人，这样就能平和得多。

许多事不是别人为难你，而是自己为难自己。对自己要求过高，凡事要求完美，只能令自己活得很累。我们不能只拿自己的短处比别人的长处，要看到自己的优势，也要看到别人的不足，这样才能平衡自己的心理，让自己产生自信。

以一颗平常心对待工作，就要积极主动地完成自己的任务，和老板、同事之间和平相处，多学习别人的长处，弥补自己的不足，保持乐观心境，积极进取，如此，才能走向成功。

■不要浮躁

成功不可能一蹴而就，浮躁心态要不得。成功之路漫长，需要循序渐进地向前走。俗话说："一口吃不成胖子。"过于浮躁的心态是做事的一大弊病，浮躁、没有耐性便不可能成大事。

几乎每一个刚开始工作的人都是从职位最低、待遇最差的那个位子上做起的，就是那些功成名就的大老板也无不是从最底层走过来的，他们经历过艰辛、困苦和种种压力，但是他们挺了过来，因此他们做出了成绩。

但是那些"志向高远"的人呢，他们总是觉得自己价值不凡，能力超强，因此也应该配给他们较高的职位，不然就从心里感觉老板蔑视了他，看轻了他，于是从内心里开始觉得失望，觉得大材小用，觉得不满，从此无心工作。其实，成功之路犹如盖一座高楼大厦，一定要从最底层的打基础开始，这样才能盖得稳当，盖得顺利。

凡事都有一个先后过程，要分清事情的轻重缓急，这样才能一步步盖起你事业的大厦，顺利地到达成功的顶层。

一个名牌大学的毕业生来到一家出版社工作，刚去的时候他被安排做秘书，每天做些芝麻大的小事，零碎而烦琐。由于是刚去的新人，他在工作之余常常勤快地打扫办公室，给主编端茶倒水，也给其他编辑做些额外的工作。这样大半年过去了，社里还没有让他做编辑的意思，他就开始怀疑这份工作的意义。这名大学生怎么也想不通，为什么自己有这么高的学识，却只配做这些乱七八糟、毫无意义的琐事？于是他开始在私下里跟朋友倾诉：迟早有一天我会离开，等到合同期满，我就走人。

此后，他在工作中明显浮躁了很多，表现得非常不认真。

有一天，他偶然碰到一起毕业的同学小刘，小刘也在一家出版社工作，但他如今已是一名策划编辑了，主编对他很是器重。

当这名大学生又开始抱怨时，小刘对他说："刚开始我也是做秘书工作的，但是我从不抱怨自己职位的低微，我相信自己努力工作一定可以做出一番成绩。我觉得你目前最主要的是要把这份工作做好，总有一天你能升迁的。"

这名大学生听从了小刘的好心劝告，工作比原来踏实了很多，浮躁的心态也一扫而光，逐渐他发现自己一直感觉很渺小的工作原来也可以学到很多东西，他感到自己真的有了进步，不久，主编就让他做了编辑工作。

犹太巨商大多是从最底层的工作开始做起的。有的做过卖报童，有的做过小商贩，有的做过电焊工，但是他们的一大共性是不管做什么，都有耐性将本职工作做好，而且都在平凡的工作中取得了出色的成绩。

"地皮大王"哈同曾在上海的沙逊洋行当门卫，因表现突出，一年后升任地产科领班，逐渐成为名噪整个上海滩的一代富豪；石油巨子洛克菲勒16岁时为一个小商人做会计助理，后来他也照样功成名就；钻石大王彼德森16岁到一家珠宝店当学徒，仅5个月，他的手艺就得到师傅的认可。

《塔木德》上有句名言："别想一下就造出大海，必须先由小河川开始。"许多人取得了较大的成就，并不是因为他们一开始便居于高位，也不是他们有一步登天的本领，而是他们懂得一步一个脚印地走路，循序渐进。他们有超乎常人的耐心，能够在不利的环境中依然坚持奋斗，他们相信不利只是一时的，而自己终有一天能够登上成功的顶峰。

凡是成大事者，一般都很少在做事的过程中表现出浮躁的心态，他们相信只有通过自己踏踏实实的行动才能换来成功的人生。同样，一个在职场中生存的人，也要尽量避免浮躁心态，踏踏实实地专心做事，这样才能实现自己的人生目标。

当你在职场中处于不利地位时，一定不要让浮躁的心态控制了自己，有些事越着急就越不会成功，因为着急会使你失去清醒的头脑。如果在奋斗过程中，让浮躁占据着你的思维，那么你就不能冷静明智地制订方针、策略以稳步前进。

只有脚踏实地做事，才不会让自己因为走得太快而跌倒。

控制了浮躁情绪，你才能经受住成功路上的种种考验，才会有耐心与毅力一步一个脚印地向前迈进，才不会因为各种各样的诱惑而迷失方向，才会制订一个接一个的小目标，然后一个接一个地实现它们，最后走向大目标。

富兰克林说："有耐心的人，无往而不利。"耐心是摒弃浮躁心态的最好良药，它是一种坚忍的个性，需要不屈不挠、坚持到底的勇气。

在职场中，一定要拒绝浮躁心态，尽量让自己保持心平气和，让自己有耐性和韧性，当你将最底层的工作做得很好的时候，你自然也就会上升一个台阶。

第七章
只说不做，徒劳无益

　　一次行动胜过百遍心想。有些人是"语言的巨人，行动的矮子"，所以看不到更为实际现实的事情在他身上发生；成大事者是每天都靠行动来落实自己的人生计划的。

■ 立即行动

我们的意志力，是决定成败的力量。如果我们不付诸行动，我们同样不可能取得成功。因为我们深深地明白，我的幻想可能毫无价值，我的计划可能付诸东流，我的目标可能难以达到。一切的一切都可能毫无意义，除非我们付诸行动。

并非因为事情太困难使得我们不敢行动，而是因为我们不敢行动才使得事情困难。在我们的思想与行动中，很多事情都是由我们的思想决定的，只有我们思想是正确的，在大脑深处形成我们可以去做这件事，我们才会去做。如果我们的大脑认为不可能去做，我们绝对不会去做。所以说，在很多情况下，都是思想决定我们的行动。但是，行动也同样可以控制思想和情绪。为了成功，我们必须要充分运用自己的个人力量，并且大胆采取行动，让行动来证明我们的所思所想。

在《圣经》中，耶稣讲了一个故事。

有一天，一位有两个儿子的父亲对大儿子说："儿啊，你今天到我的葡萄园去工作。"

"我不去，我不想工作。"老大回答说。

老大拒绝听父亲的话，就走开了。过了一会儿，他坐下想想，就懊悔自己的行为。他想："我错了，我不该违背父亲。我虽然说不去，可是我还是应该到葡萄园工作的。"

他立刻起身到葡萄园去，使劲地工作，借以弥补他的过失。

这时，父亲又去找小儿子，对他说同样的话："儿啊！你今天到我的葡萄园去工作。"

小儿子一口答应："我去，父亲。我这就去。"

可是过了一会儿，小儿子想："我是说过我去，可是我并不想去。你以为我会在父亲的葡萄园工作吗？才不呢。"

过了几个钟头，父亲决定到葡萄园去看看。不料，竟发现老大在园里拼命地工作，却不见小儿子的踪影。结果小儿子不守信用，违背了诺言。

讲完了这个故事，耶稣转身问周围的人："这两个儿子，哪一个照父亲的意思做了呢？"

周围的人马上回答说："当然是到葡萄园工作的那个老大。"

这个故事告诉我们：行胜于言，只有采取积极有效的行动，才能实现人生的目标。

所以说，在我们的人生历程中，无论我们做什么事，只要我们采取行动，我们就能通过自己的行为去创造一切。只有如此，我们才能够用新的眼光去看世界，才能找到我们的发展方向。

《圣经》上有这样一段话："凡听了我这些话而实行的，就好像一个聪明人，把自己的房屋建在磐石上：雨淋、水冲、风吹、袭击那座房屋，它并不坍塌，因为基础是建在磐石上；凡听了我这些话而不实行的，就好像一个愚昧人，把自己的房屋建在沙土上：雨淋、水冲、风吹、袭击那座房屋，它就坍塌了，且坍塌得很惨。"

　　美国苹果公司的创始人乔布斯就是一个把行动高于一切作为自己奋斗基准的人。当人们问及乔布斯为何一再成功时，他将告诉你的是只要你把行动和信心结合起来，这就是你走向成功的最大动力。这正如乔布斯所说："我把我的一切思想付诸行动，这是这些年来让我继续走下去的唯一理由。"

　　乔布斯的第一次行动，源于他20岁时创立苹果电脑公司。他拼命工作，让苹果电脑在10年内从一间车库里的小工厂，扩展成一家员工超过4000人，市价20亿美元的公司。

　　第二次行动，乔布斯开了一家叫作NEXT的公司，又开了一家叫作Pixar的公司，Pixar接着发展成为世界上最成功的动画制作公司。

　　以乔布斯为例子，从现在开始，我们就要把自己的思想付诸行动，只有我们行动了，才能去改变那些影响我们发展的观点，进而真正地改变自己的人生，真正地改变自己的生活。但在这个过程中，我们一定要认识到这一切都是由个人的力量创造的。换言之就是个人力量是导致我们采取行动的能力。所以，为了成功，我们一定要付诸行动。正如《圣经》上所说："只有信心而不付诸行动，无异于无信心。"这是千古不变的真理。如果我们对自己有信心，相信自己一定可以成为自己想要做的人，那就付诸行动吧。

■ 向着目标行动

人人都有目标，但真正能够尽自己全力去实现的人却很少。大部分人总是把自己的理想和目标挂在嘴边，他们会把一切都计划得井井有条，并对自己充满信心，相信自己一定能够完成。然而正是因为只是计划却不付诸实际行动，最终使一切都化为了泡影。

无论做任何事情，要想有结果就必须要付诸行动。再伟大的目标，缺少了行动都是毫无价值的。只有让自己"动"起来，朝着目标不断前进，最终才能将目标变为现实，才能收获成功。

在第二次世界大战期间，联军的一架载有一个作战小分队的军用运输机，在穿越敌人高炮阵地的时候受到了重创，迫于无奈，他们降落在缅印交界处的原始森林里。队伍重新集结后，摆在他们面前的唯一选择就是步行前往在印度的一个基地。然而此时正值8月，原始森林的酷热和季风随时吹袭着这群疲惫的士兵。70公里的漫漫长途，他们能够顺利通过吗？

果然，行军仅仅才一个小时，许多士兵的靴子就出现了麻烦。到了傍晚时分，有许多士兵的双脚出现了血泡，甚至有的士兵还出现了更为糟糕的情况。颓丧、失望的情绪弥漫在小分队里。一瘸一拐的士兵还能够继续翻山越岭、长途跋涉吗？队长精神抖擞、满脸激情地对大家发表演说："孩子们，我知道你们现在都已经疲惫不堪，但是就这整整的一个下午，我们就已经征服了三座山头和两片沼泽地，你们不愧是最优秀的士兵，我真是由衷地为能拥有你们而感到骄傲！那么接下来我们的任务就是继续征服这几座山峰和丛林，只要征服其中的一个目标，那么胜利女神就向我们更近一步了。"他边说边在行军地图上指给大家看。疲惫的士兵似乎也受到了队长情绪的感染，他们再一次鼓起勇气朝着下一座山头走去。最终，这群士兵得救了。

当"人生教父"奥格·曼迪诺开始准备写一本25万字的书时，他的心绪就一直不能平定下来，光是看到桌子上厚厚的稿纸，就让他感到烦躁不堪了，他甚至想放弃不干了。但后来他改变了策略，他制订了一个每天写10页至15页的计划，写作任务就进行得顺畅多了。他所做的是只要去想下一个段落怎么写，而不是简简单单的下一页该去如何写，这样反而文思泉涌，欲罢不能了。

后来他又接了一件每天写一个广播剧本的任务，截止到目前，他已经写了2000个剧本了。每当想起这段经历，他说，如果在这之前签一张"写作2000个剧本"的合同，那他一定会被这个庞大的数字给吓倒，甚至会干脆把它推掉，好在只是一天写一个这样的剧本，几年的积累也就真的写出这么多了。

显然，成功不是一蹴而就的，我们只能一步步走向成功。由此，我们也可以看出，当一个"大项目"是那样的庞大以至于难以完成的时候，我们就要小心谨慎地处理了。其实，一天完成一点事情，绝对不像事情的整个过程那么恐怖，因为正是把一个大的任务分割成若干细小的、易于消化的部分，这样就使我们每天的行动都能收到实效，从而鼓起更大的干劲。

拿破仑·希尔就在将目标变为现实这方面，为我们做出了好的榜样。1908年，年轻的希尔在田纳西州一家杂志社工作，同时又在上大学。由于他在工作上的杰出表现，被杂志社派去采访伟大的钢铁制造家安德鲁·卡内基。卡内基十分欣赏这位积极向上、精力充沛、有闯劲、毅力、理智与感情的年轻人。他对希尔说："我给你一个挑战，我要你用20年的时间，专门用在研究美国人的成功哲学上，然后得出一个答案。但除了写介绍信为你引荐这些人，我不会对你做出任何经济支持，你肯接受吗?"

年轻的希尔相信自己的直觉，勇敢地承诺："接受!"以至于若干年后，希尔博士在他的一次演讲中说："试想全国最富有的人要我为他工作20年而不给我一丁点薪酬。如果是你，你会对这建议说'是'，还是'不是'?如果识时务者，面对这样一个荒谬的建议，肯定会推辞的，可我没有这样干。"

在卡内基对希尔的挑战中，包括了明确的目的——研究美国人的成功哲学，以及达到目的的时限——20年。在卡内基的引荐下，希尔遍访了当时美国最富有的五百多位杰出人物，对他们的成功之道进行了长期研究，终于在1928年，他完成并出版了专著《成功定律》一书。与此同时，他又开始撰写《思考致富》，这本书于1937年出版。随后，他又将《成功定律》与《思考致富》两本书加以总结，得出成功学领域著名的17个成功定律，明确的目标正是这17个成功定律之一。而将目标变为现实的步骤是拿破仑·希尔亲身经历所得。

只有这样按部就班做下去，才是实现任何目标的唯一聪明做法。正如最好的戒烟方法是"一小时又一小时"坚持下去。其实现实生活中很多人就是用这种方法戒烟的，其成功的比例比别的方法都高。这个方法并不是要求他们立刻下决心永远不抽，只是要他们决心不在下一个小时抽烟而已。当这个小时结束时，只需把他的决心改在下一个小时就行了，当抽烟的欲望渐渐减轻时，时间就延长到两小时、延长到一天，最终烟瘾被完全戒除。反观那些一时心血来潮，一下子就想戒除烟瘾的人，他们心理上的感受就会特别沉重。一小时的忍耐很容易，可是要忍耐那并不确定的"永远"就难了。

把你的每一个目标都写下来，只要你把目标写出来，就能使目标得到更多的关注和努力。把你的下一个想法，变成迈向最终目标的一个步骤，并且马上去进行。要知道把你的梦想放在脑袋里是没用的。

在美国一个小城的广场上，有一座老人的铜像在广场中心默默地矗立着。他既不是什么名人，也没有任何辉煌的业绩，他只是该城市一个饭店的极普通的服务员而已。他的一生没有说过一句赞美的话语，他只是凭借"行动"二字，在对客人提供的无微不至的服务过程中，让人感受到了终生难忘的热情，从而就使他平凡的人生得以永垂不朽了。

立刻行动吧!制订目标，变目标为现实，你会发现你离成功越来越近。实际上，我们很多人也真的很明白一心一意追求目标的重要性，但日常太多的杂务经常扰乱原有的计划。

所以我们心里也要时刻保持冷静。例如你开车遇到"此路不通"

或交通堵塞的情况时，不可能停着不动，当然也不可能干脆回家。道路的暂时关闭只是表示现在无法通行，你可以从另一条路走到同样的目的地。当我们迂回前进时，并没有改变原来的目标，只是选择另一条道路而已，目的地是不变的。

不要拖延，你已经知道，你生命中明确的主要目标要由你自己来确定。那为什么不尽快奔向你早已明确的目标呢?明确的目标是你自己制订出来的，没有人能代替，它也不会自己创造自己。

马上拟定一个实现目标的可行性计划，马上行动，不能再耽于空想。在你的有生之年，当"现在就做"的提示从你的潜意识闪现到你的意识里，要你做应该做的事情时，就立刻投入行动之中，这是一种能使你成功的良好习惯。这种良好的习惯是把事情完成的秘密，它影响到日常生活的每一方面。它可以帮你迅速完成应该做的——包括你不喜欢做的事，它能使你在面对不愉快的事件时，不至于拖延，也能帮助你做你想做的事，它能帮助你抓住那些宝贵的、一经失去便永远追不回的时机。

有了行动就有成功的希望，没有行动就永远没有达到目标的可能。

在一个英语学习班的报名现场，一位耄耋老者来到登记台前。登记小姐问道："老人家，您是给您的孙子报名吗?"老人的回答却颇出乎小姐的意料："不，是给我自己。"老人接着解释道："我的小儿子在美国找了个媳妇，儿媳每次回来说话都是叽里咕噜的，我听不懂，还要儿子做翻译，这样太麻烦了。""那您老今年高寿啦？""68岁。""可是老爷子，您知道吗？您要是想听懂他们说的话，这至少需要两年的时间啊，那时候您老都70啦！"老人听了登记小姐的话，笑呵呵地反问："姑娘，那在你看来要是我不学的话，两年以后就是66岁了吗？"

事实上，我们大多的思维都和这位登记小姐有相似之处。我们总是有这样的感觉，如果开始太晚的话还不如放弃更加明智。殊不知，只要我们开始行动，就永不为晚的道理。就像这个老人一样，不论他学与不学，两年之后都是70岁，而差别却是：要么他能够开心地与儿媳交谈，要么依然像木偶一样在屋子的角落里呆立着。

你还在犹豫些什么？立刻行动吧！制订目标，变目标为现实，你会发现你离成功已越来越近。不管你现在决定做什么事情，不管你设定了多少目标，不管你有多么可行的计划，你一定要向着目标立即行动。否则，一切将变得毫无意义。

■ 行动才会成功

一个人自身是否存在行动力，足以决定他未来人生的命运。一个拖拉、懒散的人注定会一事无成，尽管他们对成功充满渴望，可他们却因为缺少行动力而无法成就人生。如果一个人做事积极主动，那么尽管他的命运非常坎坷，处处充满困难，他自己存在的行动力也会帮助他冲出困境，成就卓越的人生。

在任何一个领域里，不努力去行动的人，就不会获得成功。就连凶猛的老虎要想捕捉一只弱小的兔子，也必须全力以赴地去行动，不行动、不努力，就捕捉不到兔子。

释迦牟尼曾有一番颇具启示性的谈话，说世界上有四种马：第一种马是看到主人的鞭子就立刻飞奔起来的骏马；第二种马是看到了别的马被鞭打，就立刻快步奔跑的良马；第三种是要等到自己受了鞭笞才开始跑的凡马；第四种是非要受到严厉的鞭打才开始走的驽马。同样，世界上也有四种人：第一种人远远地看到别人陷入生老病死的痛苦中就立刻心生警惕；第二种人是要等到生老病死离自己不远时才会心生警惕；第三种人必须是自己的近亲陷入生老病死的痛苦才知道警惕；第四种人是非要自己亲身感到了生老病死的痛苦才知道悔不当初。

奥格·曼狄诺把这个比喻又进一步发挥了一下。他说遇到问题时，世界上有这样四种人：第一种是今天立即解决的人；第二种是等待明天解决的人；第三种是一味发愁，今天明天都难以解决的人；第四种是看着问题已造成恶果再也难以解决的人。

不管释迦牟尼和奥格·曼狄诺如何说，我们只要看一看那些立即行动的人，他们是如何开始行动的，就知道他们将如何走向成功。不要让自己的想法仅仅停留在"想"的这个阶段，要立即行动起来。

世界著名的大提琴手巴布罗·卡沙斯在获得举世公认的艺术家头衔之后，依然每天坚持练琴6小时，养成了"行动再行动"的良好习惯。有人问他为什么仍然还要练琴，他的回答很简单："我觉得我仍在进步。"一个成功者想继续成功就得这么去做，因为世上的事物没有绝对的成功，只有不断地努力，才能有不断的进步。成功是没有终点的，就像旅程中的一个个过程，必须一站一站往前走，一旦停在原地，不再去努力，不再全力付诸行动，成功的列车就会把我们甩得远远的。

美国商界传奇人物威利·阿莫斯认为，当我们付诸行动时，我们首先要对自己的想法充满热情，然后不要希望这个想法得到周围每一个人的认可，尤其是我们对自己选定从事的事业，更要有热情。威利从小就喜欢吃饼干，"对巧克力饼干有着一种狂热的爱。"用他的话说，"我把它当作我的终身伴侣。"长大后，威利把饼干研究制成了具有独特风味的美味。热情使他成功，只有坚持不懈地努力，我们的热情才不会随着时间被消磨掉。

在培训界具有深远影响的姜岚昕在培训课上也曾讲过："所有

的结果都是由行动造成的，采取什么样的行动，将会导致什么样的结果。你要想获取什么样的成果，你必须采取什么样的行动。"

还是谈我的朋友张其金吧！在张其金的人生信条里，有一条就是立刻去做。在他开始创业的时候，他认为："无论做什么事，只要我们去行动，去做，即使再难也要行动，我们就会走向成功。"

有一次，当我与他谈到人生最大的力量源自哪里时，他说："在我们的生活中，我们曾经不断地努力与付出，可成功总是与我们无缘，每当面对这种情境时，我们会心如刀绞，再也没有行动的力量。可是，只要我们换一个角度想一想，也许会对我们有所帮助。我是一个有用的人，我有极高的才能和天分，这必须要感谢上天，它使我有健康的身体与坚毅的精神、对他人富有同情心，我具备如此多的优点，绝不可能获得不了成功。我今天一定会遇到好运。因为清早起来我就感觉非常愉快，对于工作我一定积极去做。在我累的时候，我不妨停下来想一想，谁在支持我、理解我、信任我、帮助我，他们为了我的成功，付出了多少努力、多少心血，而他们并没有渴望我的回报，我为什么要抱怨命运，抱怨他人呢！"

是的，成功需要动力，需要信念，更需要行动。

"石油大王"保罗·盖蒂年轻的时候到俄克拉荷马去创业，他决定无论如何也不依赖父亲，自己带着仅有的500美元来到这个地方。他不仅没有资本，同时也没有地质学及石油开采专业知识，只不过在父亲石油事业的耳濡目染之下，拥有那么一点感性认识，因此他在创业开始的时候，可以说极端困难。但是，保罗·盖蒂却信心十足，认为别人干得了的事，自己也可以干得了。天下无难事，有信心就一定可以办到自己想办的事。保罗·盖蒂在俄克拉荷马看见别人一个个都挖掘油井，他想，我一定也能挖出有油的井。

一般人都苦于缺乏自信，因此常常都会使自己掉入自卑的深渊之中。这个时候，就十分有必要加深我们对自信的全面理解，美国成功学家马丁说："自信来源于这样一种变化的角度：相信自己比别人更好！"自信可以使人受到激励，对自己自信并付诸行动，就能产生激发行动的动力，让我们一起行动起来，永恒地行动下去……因为行动可以改变你的命运，改变我的命运，改变大家的命运，改变整个世界的命运。

所以说，如果一个人有了好的想法而不积极努力地去实践，那么想法就会变成空想。正如威尔·罗杰斯所说："即使你走上了正确的道路，但如果坐着不动，也将会被历史的车轮压扁。"

歌德也说过："只要投入，思想才能燃烧。一旦开始，完成在即。"

总之，只要我们有了好的想法，立即付诸行动，离成功也就不远了！

■ 从现在开始

心理学家威廉·詹姆斯曾说过这样一段话，他说："种下行动就会收获习惯；种下习惯便会收获性格；种下性格便会收获命运。"他的这段话其中一点是要向我们表达这样一个意思：行动可以使人培养成一种习惯，长期的习惯形成了一个人的性格特点，它将改变人一生的命运。例如，一个具有拖延习惯的人，往往会妨碍人们做事，因为拖延会消磨人的创造力。对员工而言，一个员工的行为是为了得到承认并获得应有的价值，那些通过一系列的财务数据反映出来的工作业绩，就是证明你在一个公司有没有工作成绩的有力证据。它能证明你的工作能力，显示你的人格魅力，体现你在公司的地位和个人价值。所以说，无论做什么事情，只要你去做了，总会做出成绩的。

优秀的员工在工作时是从不讲什么条件的，而是奉行今天就行动的原则。不要把今天的工作推迟到明天去做，一定要今天来完成，争取今天完成明天的工作。说到底就是我们要立即去做，如果你现在不去做，你永远不会有任何进展。如果你现在不去行动，你将永远不会有任何行动。没有任何事情比下定决心、开始行动更有效果。

富兰克林说："把握今天等于拥有两倍的明日。将今天该做的事拖延到明日，而即使到了明日也无法做好的人，占了大约一半以上。应该今日事今日毕，否则可能无法做大事，也可能不会成功，所以应该经常抱着'必须把握今日去做，一点也不懒惰'的想法去努力才行。"拿破仑·希尔也曾说："利用好时间是非常重要的，一天的时间如果不好好规划一下，就会白白浪费掉，就会消失得无影无踪，我们就会一事无成。"经验表明，成功与失败的界限在于怎样做到从现在开始。人们往往认为，等几分钟、几小时没什么大不了的，但它的作用很大。时间的力量非常微妙，可能在短时间内没什么太大差别，但这些时间长期积累起来，你拖延的时间就绝不是几分钟、几小时。它所产生的后果是你片刻的安逸，还有你长长的无所作为的一生。

依文斯出生在一个贫苦的家庭里，开始以卖报维持生计，后来，在一家杂货店当店员。过了8年，他鼓起信心开始发展自己的事业。一次，他为朋友担保了一张面额很大的支票，不幸的是他的朋友破产了，变得一无所有。灾难接踵而至，那家存着他全部家当的银行也垮了，他已经什么也没有了，而且还背负了近两万美元的债务。

他经受不住这样的打击，绝望极了，开始生起奇怪的病来：有一天，他走在路上的时候，昏倒在路边，以后就再也不能走路了。最后医生告诉他，他的生命只有两个星期的时间了。

想着只有十几天的活头了，他突然感觉到了生命是那么的宝贵。于是，他放松了下来，好好把握着自己的每一天。

奇迹出现了。两个星期后依文斯并没有死，六个星期以后，他又能回去工作了。经过这场生死的考验，他明白了自寻烦恼是无济于事的，对一个人来说最重要的就是要把握住现在。他以前一年曾赚过20000美元，可是现在能找到一个礼拜30美元的工作，他就已经很高兴了。正是这种心态，使依文斯工作、生活得很愉快。

不到几年，他已是依文斯工业公司的董事长了，在美国华尔街的股票市场交易所，依文斯工业公司是一家保持了长久生命力的上市公司，正是因为学会了只生活在今天的道理，依文斯取得了人生的胜利。所以，只有好好地把握住今天，才能创造美好的明天。

歌德曾经说过："把握住现在的瞬间，从现在开始做起。只有勇敢的人身上才会附有天才、能力和魅力。因此，只要你做下去就好，在做的过程当中，你的心态就会越来越成熟。能够开始的话，那么，不久之后你着手的工作就可以顺利完成了。"如果你没有从现在开始很好地选择行动，那么你的生活就会黯然无光。

曾有一位朋友对我讲过他失败的爱情。他说自己和一位同班的同学同时追求一名女孩，可对方却捷足先登，这令他悔恨不已。原来，那年他们两人都在当兵，他的同学除了天天写信给这位女孩之外，还掌握了她的"生活作息表"，一个假期抢先约了她，因此使这个朋友失去了一生挚爱的女人。

我在这里举这件小事不是在争论我这位朋友和他的同学谁是胜利者的问题，而是说明立即行动的重要性。大多数人只能庸庸碌碌地过一生，并不是因为他们懒惰、愚昧或习惯做错事；大多数人不成功的原因在于他们没有做任何事情。他们不晓得成功和失败的分别何在。要实现成功的第一条准则就是：开始行动，向目标迈进！而第二条准则是：每天继续行动，不断地向前迈进！

例如在工作中，有两个人站在相同的起跑点，谁多用心"分析战况"，再加上一点行动力，就可以先取得胜利。这种情况好像在观看奥运会游泳竞赛一般，他们其实只差之毫厘。你是不是有个假想敌，你们的程度相当，才华伯仲，那么仔细想想你是不是有优于他的地方，如果有，请好好地发挥。不要等待奇迹发生才开始实践你的梦想。今天就开始行动！如果不开始行动，你就到不了你想要去的任何地方，就达不到任何目标。赶快行动，否则今日很快就会变成昨日。如果不想悔恨，就赶快行动。行动是消除焦虑的最佳妙方，会立即行动的人从来不知道烦恼为何物，此时此刻是做任何事情的最佳时刻。

孔子说过："朝闻道，夕死可也。"人生急急如火，不一定成功了之后，你就有时间可以享受成果，所以，请在最准确的时间做出最快的行动，虽然你不一定会获得成功，但是你至少有一半成功的机会。

懂得立即行动的人，他无论做什么事情都是一个乐观进取的人。所以，我只想告诉大家，从现在开始，只要我们认定是正确的事，就要立即行动，因为只要有开始，你以后的工作就可以慢慢顺利完成。正视今日！因为这是你的人生，最真实的人生。

■ 珍惜时间

"一寸光阴一寸金，寸金难买寸光阴。"我们的古人用自己的切身经验教育我们要认识到时间的宝贵。时间的确是宝贵的，哪怕你有敌国之富，也难以让它的长度延长一寸。时间似乎又是廉价的，因为你可以不花一分钱就得到它。对于时间的认识不同，对时间的利用也就不同。有些人，珍惜生命里的每一分钟，每天像上紧的发条一样不停地奔跑。有些人，每天优哉游哉，想尽一切办法来打发时光。

但是，无论什么样的人，曾经珍惜过时间的也好，曾经浪费过时间的也好，在他生命的最终时刻，都会意识到时间的可贵。他们希望它可以延长、再延长，但它却始终那么公正，每天以不紧不慢的速度前进。

英国著名博物学家赫胥黎很形象地说："时间是最不偏私的，给任何人都是24小时，同时时间也是最偏私的，给任何人都不是24小时。"每个人每天都会拥有24小时，但是每个人在这同样的时间内获得的收获却完全不同。有些人充分利用每一分每一秒，使它的功效发挥到最大。而有的人则可能在这段时间里毫无所获。

翻阅历史，所有伟大人物的成长史，几乎都是一个和时间赛跑的过程。马克思曾经说过："我不得不利用我还能工作的每时每刻来完成我的著作。"列宁也同样在和时间赛跑。他总是十分珍惜时间，把生命里的每一分钟都献给革命。连这样伟大的人物都不敢浪费时间，我们这些平凡人又有什么资格去挥霍它呢？

时间是宝贵的，时光的流逝也是无情的。它会令我们曾经光洁的皮肤衰老，会令我们明亮的眼眸渐渐失去光泽。但在我们慨叹岁月无情之时，它又匆匆在我们的眼前流逝而过了。朱自清曾在他的散文《匆匆》中写道："洗手的时候，日子从水盆里过去；吃饭的时候，日子从饭碗里过去；默默时，便从凝然的双眼前过去。我觉察他去的匆匆了，伸出手遮挽时，他便从遮挽着的手边过去；天黑时，我躺在床上，他便伶伶俐俐在从我身上跨过，从我的脚边飞过。等我睁开眼和太阳再见，这又算是溜走了一日。我掩着面叹息。但是新来的日子的影子，又开始在叹息里闪过了。"时间的流逝是无情的，任你怎么拦也拦不住。

一个人，只有认识到时间的宝贵，才会懂得珍惜。一个懂得珍惜时间的人才会在最短的时间内做出最多的事。而浪费时间，就等于在浪费自己的生命。在现代社会，时间的重要性就更加突出了，它已不仅仅代表金钱，代表生命，还包含其他更重要的东西。比如机遇，比如信誉等。如果你不希望自己的人生被白白地消耗掉，就要学会充分利用时间。时间管理，已成为我们人生中重要的一课。

（1）学会应用帕累托原则。这个原则是由19世纪末20世纪初意大利著名的经济学家及社会学家帕累托提出来的。其主张是：在任何一组东西之中最重要的通常只是全体中的一小部分，正是这一全体中的小部分决定了整体的成败。

整理一下你的工作资料，或许会发现这样一个现象：公司80%的订单来自于20%的业务员，80%的成交量来自于20%的客户，80%的电话来自20%认识的人。因此，这20%就是决定你全局的少数，当你抓住这些关键之时也就等于掌握了全局。

然后，在你做事之前，就要对其进行充分的分析：哪些事情最重要，哪些事情可以暂缓，哪些事情无关轻重完全可以舍去。这样，你做起事来会更加有效率，也会更加轻松。

（2）学会分配时间。当你对事情的重要性有了一个清楚的认识之后，接下来要做的就是如何来对自己的时间进行分配。有些事情因为重要，所以难度也会特别大，因而可能会占用你的大部分时间。有的则可能很轻松地就搞定了。当你根据事情的重要性而对自己的时间进行一个大体的分配之后，就会避免在不必要的事情上浪费太多的精力，从而影响到工作的进度。

（3）不要等待，现在就做。你想去做一件事，但是内心深处却有一个声音对你说："不急，等一会儿再说。"于是，你听从了它的命令，将手头的事搁置了下来。但是，时间越是拖得久，你就越是怠于行动。于是最后只能不了了之。

其实，除了现在，我们并不能把握住其他时刻。因为将来或许会有更加重要的事等着我们去做，而过去的则已经过去了，我们没有能力再去将其追回。如果连现在你也荒废的话，请问还有多少时间是属于你的呢？

如果我们每个人可以克服自己的懒惰，使自己专心致志于现在，那你的生活肯定会比过去更加充实、更加幸福。现在是我们的一切，将来只有在它来临的那一刻起才能被我们把握。不要再让光阴虚度，把握好现在，你才可以把握住自己的将来。

（4）善于利用"边角时间"。"不积跬步，无以至千里。不积小流，无以成江海。"对时间的利用也是如此。在我们的生活中，往往会有一些零散的时间。如果可以将其充分利用，那么也会大大提高我们做事的效率。

凡是那些事业有成的人，都有其成功的诀窍，其中一个就是变闲暇为不闲，也就是不偷清闲，不贪逸趣。比如坐车时堵车了，你可以利用这个时间给客户或朋友打个电话，联络一下感情，或者看看随身所带的资料，给自己充充电。业余的时间，也可以参加一些兴趣培训班，不但可以学到一些知识，还可以结交一些志同道合的朋友。

时间是组成生命的材料，一个学会合理安排时间的人就会使自己的生命价值发挥到最大。把自己有限的时间集中在最重要的事情上，只有这样，才可以取得事半功倍的效果。

第八章
巧妙利用人力资源

　　一个人不懂得交往，必然会成为阻碍人际关系发展的力量。成大事者的特点之一是：善于靠借力、借热去营造成功的局势，从而能把一件件难以办成的事办成，实现自己人生的规划。

■ 构建关系网

你的关系网远比你意识到的要广大得多。你实际拥有的网络，延伸到了你每天都有联系的人之外，更多的联系包括你与之共同工作和曾经一同工作过的人们，以前的同学和校友、朋友，你整个大家庭的成员，你遇到过的孩子的父母，你参加研讨会或其他会议时遇到的人，这些人都会是你的网络成员。你的网络成员还包括那些你在网络中认识的人，以及那些与他们有联系的人。

美国有句谚语说得好："每个人距总统只有6个人的距离。"细细品味一下，你会发觉这句话极富哲理性：生活中我们肯定会认识一些人，这些人或是我们的亲人、朋友，他们肯定也有自己固定的生活圈子，除了你之外，他们必然也有他们所熟悉的一些人……这种连锁反应一直延续到总统的椭圆形办公室。而且，如果你仅仅距总统6个人的距离，那么你距你想会见的任何人也就都是只有6个人的距离，不管他是一家公司的CEO，还是好莱坞的名导演，还是你想让其加入你的团队并支持你的才俊。关系网，在生活中似乎带有贬义的色彩，但这种理解绝对是片面的。其实关系网本身没有错，它是中性的，关键看它是怎样建立起来、怎样运用的。如果建立关系网不违背一定的道德标准，运用关系网也没有超出法律制度的规定，那么这样的关系网又何罪之有呢？

事实上，大凡成功人士，大多是有关系网的人。在他们的这张网络中，由各种不同的人所组成：有过去的知己，有新近结识的朋友；有男人，有女人；有前辈，有同辈或晚辈；有地位高的社会精英，有地位低下的贩夫走卒；有不同行业、不同特长的人……这样的关系网，才是一张比较全面的网络。也就是说，在你的关系网中，应该有各式各样的朋友，他们能够从不同的角度为你提供不同的帮助；当然，你也要根据他们不同的需要，为他们提供不同的帮助。这才是关系网应当具有的特征。

关系网既然是一种"网"，就应当具有网的特点。即在这张网上的朋友构成应当有点有面，分布均匀。实际上，大多数人交友却不是这样，他们结交的范围十分狭窄，他们一般只在自己熟悉的范围内认识一些人。这样就构不成一张标准的关系网了。

当然，不同的行业和不同的爱好，会对交友形成较大的影响。如果你是一名教授，你结交的学者朋友就是你的关系网中最集中的人群；如果你是一名工人，那么你周围的许多朋友大多数也是工人；其他各行各业也大体如此。这就是我们在编织关系网的时候，常常遇到的局限，这种局限关系到日后自己关系网的使用价值和质量。假如你是一名工人，你有没有提高自己文化水平的必要呢?回答必然是肯定的。那么，你当然也有必要多结交一些知识界的朋友了。否则，你将很可能会遇到很多仅靠自己的能力很难克服的困难。

人们常说的优势互补，在关系网中，你有这方面的优势，可能在那方面就存在一定的劣势。比如，你会做生意，但你未必会在通信网络等方面精通，那么你不精通的领域，或者你根本不懂的领域，就需要在那些方面精通的人的帮助。如果，此时你的朋友结构过于单一，就难以做到这一点。所谓优势互补，说的就是这个道理：你用你的优势，去弥补他人的劣势，并以此换取他人以自己的优势来弥补你的劣势。这就要求我们在择友的时候不能太单一，不能完全局限于自己的同行或具有共同爱好和兴趣的人。你必须要刻意清醒地认识到，正是因为你在某一方面有特长、有爱好、有优势，才要有意地结识另外一些与你的特长、爱好、优势有差别的人。这才更符合关系网的结构和原则。

建立关系网最基本的原则就是：不要与人失去联系。那种只有遇到麻烦才想起别人的做法，是绝对不可取的。关系网正如一把刀，只有常常磨砺才不会生锈。若是你和你的朋友半年以上不曾联络，那你很有可能已经失去这位朋友了。因此，主动联系就显得十分重要了。试着每天坚持打5个电话，你不但能够维系旧情谊，还能扩大自己的关系网。

很多人似乎还认为，一旦关系好了，就不再觉得自己有责任去维护它了，特别是在一些细节问题上。例如该通报的信息不通报，该解释的情况不解释，总以为"反正我们的关系好，解释不解释无所谓"，结果日积月累，彼此双方形成了难以化解的矛盾。甚至还有更糟糕的，是人们在关系亲密之后，总是对另一方的要求越来越高，总认为别人对自己的好是应该的。稍有不周，就大放厥词。这样也会对双方的关系带来损害。可见"感情投资"不是一劳永逸的，而是一个经常性的过程，这就要求我们善待每一个人，从小处、细处着眼，时时落在实处。

生物学家发现，往水库中放鱼苗时，如果一瓢舀10条鱼，这10条鱼从放入水库到长大被捕捉时为止，是不会轻易离散的。如果是100条，那么只要它们不被捕获或死亡，就始终是在一起生活。如果是3条，那么这3条也将会自始至终生活在一起，它们既不轻易吸收其他的鱼进入这个生活圈子，也不会有任何一条鱼轻易脱离它自己的生活圈子。对于鱼类来讲，它们只有相依为命，才能共同去进行一生的探险，它们对任何外来的鱼都保持着高度的警惕和不信任。一个人的生命不应该是一个孤立的存在，人在这方面也具有与鱼类相似的集群性。

一个青年人走向社会后，在三五年内便会建立一个朋友圈子。这个最初建立起来的朋友圈子，将是他一生交往和主要活动的范围，即使有人偶尔脱离了这个生活圈子，不久也会再回到这个圈子中来。这个圈子一旦形成，即使有人出人头地，有人一文不名，也不影响圈子的牢固性。社会地位很高的人，仍然喜欢和圈子内社会地位很低的人亲密交往，他们会把圈子内社会地位很低的朋友看得比圈外的人更重要。因为在朋友圈内，没有世俗的高低贵贱之分。

要建立一个好人缘，织起一张人际关系网，你必须积极主动。光有想法是不够的，必须将它化为行动。爱护朋友，应像爱护自己的眼睛一样，珍惜朋友之间的友谊应像珍惜自己的生命一样，损害朋友的利益就像挖掉自己身上的肉一样，背叛、出卖、坑骗朋友则无异于自杀。

在社会关系中，似乎还有一类比较有趣的现象，那就是机遇似乎更乐于垂青那些广泛与人交往的人。事实上也正是如此，那些交往广泛的人，他们遇到机遇的概率很高。其实有许多机遇就是在与朋友的交往中出现的，有时甚至是在漫不经心的时候，朋友的一句话、一个手势等都可能化作难得的机遇。在很多情况下，正是由于朋友的推荐、朋友提供的信息和其他多方面的帮助，人们才获得了难得的机遇。因此，从这个意义上说，交往广泛，机遇就多。但是在交往过程中切忌急功近利的思想，虽然有许多机遇是在交往中实现的，而在最初的交往阶段，人们很可能没有看到这种机遇。在这个时候，不要因为没有看到交往的价值，就冷漠这种交往。谁也不敢肯定，这种交往或许会带来更大的机遇呢！

牛顿曾经说过："我之所以比别人站得更高些，是因为我站在巨人的肩膀上。"这句话我们也可以理解为：每一个伟大的成功者背后，都有另外的成功者。没有人是自己一个人达到事业的顶峰的，一旦你许诺自己要成为出类拔萃的人，你就要开始吸收大量对你有帮助的人和资源。而其他各方面有所建树的人，是你所有资源中最大的资源。你要做的就是找到他们，构建有助于你的事业的关系网。

"如果你没有一个非常出名的名字，那就借用一个。"哈威·迈凯认为，当你或是你的产品无人知晓，而你又要将你的产品推销给其他人时，关键的推销策略就是将自己或自己的产品与其他名人的名字联系在一起。

想想你认识并有业务联系的每个人，设计一个计划，最有效地利用你的这些关系。当然，为了使人们更加容易地帮助你，如果你想让他们帮你写封介绍信，那么你就应当打好草稿，你的草稿将节省他们很多的时间，因为他们不用再构思怎样写这封信了。当你寄这封信给他们的时候，附上一个写上你自己地址的回邮信封，这样许多人就都会非常乐意帮助你了。或是发封电子邮件，这种方法现在可以容易、便捷地与某个大学的教授、某个公司的总裁等各种各样的人建立起直接的联系。请求他们向你推荐可能帮助你的人，或给你提供其他的资料。即使是比尔·盖茨，你也能通过电子邮件找到他。充分利用现代的通信技术，而且最重要的是，现在就开始行动!你不会损失任何东西，而且每一步都将使你更加靠近你的目标。你必须要做到的，就是不要害怕提出请求，如果你不请求，他们也不会主动地来帮助你。

关系网不是魔术般建立起来的，它需要多年时间和精力的投入才能发展起来。珍惜你每一次交往的机会吧，只要在你生活的各个领域形成一个强有力的支撑系统，你离成功还会远吗?

■ 人脉助你成功

　　现代人整天忙忙碌碌在生活之间，似乎根本没有时间进行过多的应酬，日子一长，使得许多原本牢靠的关系变得松懈，甚至朋友之间许久不联系也逐渐互相淡漠。这是非常可惜的，我们一定要珍惜人与人之间的宝贵缘分，即使再忙，也要抽出些许时间做些必要的感情投资。

　　汉高祖刘邦在平定天下之后，大宴群臣，席间他不无感慨地说："运筹帷幄之中，决胜千里之外，吾不如张良;镇守国家，安吾百姓，不断供给军饷，吾不如萧何;率百万之众，战必胜，攻必克，吾不如韩信;三位皆仁杰，吾能用之，此吾所以取天下也。"或许这真的就是志得意满的汉高祖刘邦当时的肺腑之言吧! 历史也证明了正是他这种知人善任的睿智，才能够驾驭天下三位豪杰人物为之驱使，并最终得到了天下。反观项羽呢，他刚愎自用，甚至连唯一的贤臣范增都团结不好，最终落得乌江自刎的可悲下场。

　　在法国有一本书叫《小政治家必备》，书中记述了那些有心在仕途上有所作为的人，最少要搜集20个将来可能成为总理的人的个人资料，熟悉他们，并且有规律地随时去拜访这些人，保持和这些人的良好关系。这样，在不久的将来，他们中的任何一人当选总理，他们就会很容易地记起你来，你就很有可能"入阁"了。这种手法虽然看起来不是很高明，但却非常的现实，要是你所期许的那种情况真的出现了，你就不用再后悔"平时不烧香"了。

所以，要想在竞争中取胜，良好的人脉关系才是人们的唯一选择。特别是在现代社会里，单靠一个人的单打独斗去建功立业，已经不可能。一个人的力量是有限的，个人的力量很难突破环境的限制，以至于有人说，一个人是条虫，两个人才是一条龙。由此可以看出，合作对于成功是多么的重要。我们只有在利人利己的前提下真诚合作、群策群力、集思广益，才能够取得更大的成功。

在美国唐人街上曾经流传着这样一句话："日本人做事像在'下围棋'，美国人做事像在'打桥牌'，中国人做事像是'打麻将'。""下围棋"是从全局出发，为了整体的利益和最终的胜利可以牺牲局部的棋子。"打桥牌"的风格则是与对方紧密合作，针对另外两家组成的联盟，进行激烈的竞争。"打麻将"则是孤军作战，看住上家，防住下家，自己和不了，也不能让别人和。显然最后一种做法是不好的，尤其是自己做不出成绩，也不让别人做出成绩，这只会影响事业的健康发展。

因此，每一个人都要富有合作精神，合作才能产生无穷的力量。我们倡导合作，只有社会中的人们善于与别人合作，才能使社会快速、健康地向前发展。

这就更加凸显了良好的人际关系对于我们的重要性了，它能促进并建造和谐的生活和工作环境，使我们在办事的时候得心应手，它对顺利开展工作起着不可估量的作用。我们在公司工作，当然需要在这个公司建立起良好的人际关系，这样才能更有利于自己的发展。在这中间，最重要的莫过于建立与领导的良好关系。在公司，有的领导为了拉近和员工的距离，总是喜欢找员工聊天，因此有的员工就以为领导是平易近人的，还会产生和领导之间就是平等的错觉，从而在说话、行为等方面表现得极为随便。但是经验告诉我们，和领导在一起，要时时刻刻注意自己的身份，说话也好，做事也罢，都要和自己的身份相吻合。无论你的老板怎样的平易近人，他终归是你的领导，而领导和员工之间是绝对不可能有真正意义上的平等的。

同事之间的关系也是非常重要的，如果我们想要在工作中取得成功，我们就必须对之引起足够的重视。不要背负着与同事有矛盾的重担，或是被怨恨或其他消极思想所累。我们可以放下这些负担，随它去。

对于同事不经意的冒犯，我们大可轻松地宽恕他。如果在我们的头脑里总是记着这些，其实你每一次的想起，就等于对自己的又一次伤害。但若我们选择了宽容，这样的伤害反而不治而愈了。一个攥紧的拳头是什么也不会得到的，只有松开拳头，我们才能够抓住一些东西。况且，面对朝夕相处的同事，真有那么多的怨让你记恨吗？况且只是紧紧抓住过去的矛盾不放，只能给双方带来不悦，仅此而已。

同事相处，还有另外一种现象。诸如在公司里，你可能有几个比较合得来的同事，你们之间的友谊似乎也是非比寻常。但是你必须要注意到一点，那就是同事之间的相处一定要有别于朋友。毕竟公司是工作的地点，而不是私人的空间，这是潜规则的一种。你与几位同事的这种关系，久而久之，在别人看来，特别是在领导看来，你们已经形成了一个小的帮派，甚至有结党营私的嫌疑了。现在，你已经很危险了，你已经开始让领导和一些别的同事感觉到不舒服了。只要你仔细观察一下，你就能发现领导不喜欢结党营私的人。因为他想让自己的部下是一个整体，一个比较好管理的整体，而不是一个又一个的小帮派。

另外，领导对小帮派的人总有一种不信任感。他会认为小帮派里的员工公私难分，如果提拔了其中的某一位，而其帮派人员可能会得到偏爱和放纵，对公司的发展不利，对其他的员工不公平。领导还会担心小帮派人员的忠诚，他们担心若其批评了帮派中的一个，可能会受到其帮派成员群起反对，影响公司团结。

所以，在工作中，你一定要注意，千万不能加入已经形成的小帮派，更不能只与几个人来往。否则，你在公司的发展前途就已经基本结束了。

当然，不搞小帮派并不是不与别人往来，而是要你在公司建立起正常和谐的人际关系网。我们要在自己的交往中，注意公司里的交际规则。要公私分明，与同事相处得好，但不能在公事上带有私人感情，上班的时候最好不要聚在一起聊天；要以团结为重，尽量缓解同事之间的紧张关系；还要扩大自己的交际范围，不能只限定在与你密切接触的那几个人，而要与其他员工也建立起良好的关系。当然，处理好在公司里的人际关系，可以提升你在公司里的名望和地位，吸引领导对你的关注，为你的发展带来不可估量的好处。

■ 创造机会与人相识

美国总统罗斯福是一个与人交往的能手。在早年还没有被选为总统的时候，一次参加宴会，他看见席间坐着许多他不认识的人。如何使这些陌生人都成为自己的朋友呢？罗斯福稍加思索，便想到了一个好办法。

他找到一个自己熟悉的记者，从他那里把自己想认识的人的姓名、情况打听清楚，然后主动走上前去叫出他们的名字，谈些他们感兴趣的事。此举使罗斯福大获成功。此后，他运用这个方法，为自己后来竞选总统赢得了众多的有力支持者。在现实生活中，许多人似乎都有一种社交恐惧症，他们总是不愿主动向别人伸出友谊之手。你或许有过这样的经历：在一次大家都相互不熟悉的聚会上，90％以上的人都在等待别人与自己打招呼，也许在他们看来，这样做是最容易也是最稳妥的。但其他不到10％的人则不然，他们通常会走到陌生人面前，一边主动伸出手来，一边作自我介绍。

我们为何不能试着做出改变呢？当你也试着向陌生人伸过手去，并主动介绍自己的时候，你就会发现这比你被动站在那里要轻松、自在得多。其实，你可以仔细回想一下，我们身边的朋友哪一个开始不是陌生人呢？正因为如此，怀特曼说："世界上没有陌生人，只有还未认识的朋友。"

懂得怎样无拘无束地与人认识，是我们必备的一个社会生存技能。这能扩大自己的朋友圈子，使生活变得更丰富。而罗斯福所用的这种主动与陌生人打招呼并保持联系的办法，正是许多大人物都普遍采用的做法。主动向别人打招呼和表示友好的做法，会使对方产生强烈的"他乡遇故知"的美好感觉和心理上的信赖。如果一个人以主动热情的姿态走遍会场的每个角落，那么他一定会成为这次聚会中最重要的、最知名的人物。甚至有人说，大人物和小人物最主要的区别之一，就是那些大人物认识的人比小人物要多得多。而大人物之所以能够认识更多的人，就是因为他们总是乐于和陌生人交往。从这一点上看，做一个大人物并不难，只要你肯把手伸给陌生人就可以了。

在这个世界上，各个行业都有许多出类拔萃的人物，他们的影响是非同小可的，对于我们来说，必须要利用与他们正面接触的机会和他们建立良好的关系，这甚至对你的前途至关重要。不要等待，一味地等待只能使你错失良机，绝对不可能使你建立良好的人际关系，你应该积极地一步一步地去做，这本没有什么让你感到害羞的。

有一个人，当他要结交新朋友时，他总是先想方设法弄到对方的生日，然后悄悄地把他们的生日都记下，并在日历上一一圈出，以防忘记。等这些人生日的那天，他就送点小礼物或亲自去祝贺。很快，那些人就对他印象深刻，把他作为好朋友了。可以想到，这位朋友身边的朋友将会越来越多，他的事业也将会越来越兴旺发达。

其实，在各个场合，你同样有许多接触他人的机会。如果你想接近他们，让他们成为你人际关系网中的一员，你就必须为此付出努力。譬如，有朋友请你去参加一个生日聚会、舞会或者其他活动，你不要因为自己手头事忙而懒得动身，因为这些场合正是你结交新朋友的好机会。又如新同事约你出去逛逛商店，或者看场电影什么的，你最好也不要随便拒绝，这是一个发展关系的好机会。

因为人与人之间接触越多，彼此间的距离就可能越近。这跟我们平时看一个东西一样，看的次数越多，越容易产生好感。我们在广播和电视中反复听、反复看到的广告，久而久之就会在我们心目中留下印象。所以交际中的一条重要规则就是：找机会多和别人接触。

如果要想成功地找到一个与其他人接触的机会，你就必须对他的作息时间、生活安排有所了解。比如对方什么时候起床、吃饭、睡觉，什么时候上班、回家，从这些信息出发再确定跟对方接触的方式。如果打个电话，对方不在或者去找他时他正好很忙，这样就白费力气。因此，详细把握对方的工作安排、起居时间、生活习惯等因素再同其打交道，是很容易获得成功的。

一旦和别人取得联系，建立初步关系之后，你还要抓住机会深入一下。交际中往往会有两种目的：直接的和间接的。直接的无非就是想成就某项交易或有利于事情的解决，或想得到别人某方面的指导；间接的目的则只是为了和对方加深关系，增进了解，以使你们的关系长期保持下来。无论你想达到什么目的，你最好有意识地让对方明白你的交际目的，如果对方不明白你的交际意图，会让他产生戒备心理：这人和我打交道有什么目的呢？那样你就很难跟对方深入交往下去。

■ 朋友间要相互尊重

距离是人际关系的自然属性。交友的过程往往是一个彼此气质相互吸引的过程，成为好朋友，只说明你们在某些方面具有共同的目标、爱好或见解，以及心灵的融通，但并不能说明你们之间是毫无间隙、融为一体的。朋友关系的存续，是以相互尊重为前提的，容不得半点强求、干涉和控制。

几年前，在台湾省台北县发生的萧崇烈一家三口被灭门的血案，终于在警方锲而不舍的追踪下，其真相大白天下，结果也是颇让人警醒的。

犯罪嫌疑人邓笑文，与受害者萧崇烈本是同村一起长大的小伙伴，平日里交往的关系也还是说得过去的。这就让乡亲们感到十分的费解，他们之间究竟有怎样的仇恨，才使得邓笑文完全丧失了理智做出如此极端的事情呢？

后来在听了犯罪嫌疑人邓笑文的供述之后，人们才知晓了其中的缘由：原来，受害者萧崇烈总是在人群中以取笑他为乐，并讥笑他没有本事，让他那么好的老婆还要出去工作受罪。就在案发前的那个下午，大家还是像往常一样聚在一起聊天。萧崇烈也仍然像往常一样拿他取笑，最后甚至还过分地用手指指着他的胸取笑他"真是天底下最没用的家伙"。这下，怒火中烧的邓笑文再也难以容忍萧崇烈的一再轻视了，于是便萌生了杀人泄愤的动机。古语有"言语伤人，胜于刀枪"之说。上面的案例我们可以看到，犯罪嫌疑人邓笑文和受害人萧崇烈是从小一起长大的玩伴，或许在萧崇烈看来，在这种朋友之间开开玩笑是不需要有任何避讳的吧。也许就是这种致命的想法，使得萧崇烈长期以嘲笑自己"最亲近的朋友"邓笑文为乐。而邓笑文由于长期受到对方不断的讥讽和嘲笑，而累积起杀人的仇恨，这虽然属于极端事件，但也颇值得引起社会大众警惕：朋友之间到底如何相处？

现实生活中，不是常有人以嘲弄他人或者与他人抬杠为乐吗？这些人似乎对事事都抱有异议，甚至错误地认为与别人抬杠是自己富有创见的表现，就这样他们常常将一场本来亲切的谈话变成一场舌战。有些虽然是属玩笑性质，但总让人觉得不妥，使听者产生不悦，严重的正如灭门血案的被害人一般，遭到杀身之祸。

其实，朋友间建立一份真诚的友谊，双方在感情上相互理解，遇到困难时互相帮助，这的确是一件非常美好的事情。"伯牙鼓琴，子期知音，峨峨兮若泰山，洋洋兮若江河。"能够保持这份友好的情谊，使之能够经受风雨的吹打，则是更为可贵的。

但是，朋友之间再熟悉、再亲密，也不能随便过头，如果过头，默契和平衡将被打破，友好关系将不复存在。友情就像弹簧一样，保持适度的距离以及适度拉伸和压缩，都会使之保持永久的弹性。所以，如果有了好朋友，与其因太接近而彼此伤害，不如保持距离，以免碰撞！

人一辈子都在不断地结交新的朋友，在结交新朋友的时候，不要一味相信对方的友谊。如果对方是一个别有用心、居心不良的人，友情随时可能被玷污。因此，你必须谨慎从事，多设几道防线，预防"朋友"布下的陷阱，这对你只有好处，没有任何坏处。常言道："逢人只说三分话，未可全抛一片心。"

另外，每个人都希望拥有自己的一片小天地，朋友之间过于随便，就容易侵入这片禁区，从而引起隔阂冲突。譬如，不问对方是否空闲、愿意与否，任意支配或占用对方已有安排的宝贵时间，一坐下来就"屁股沉"，全然没有意识到对方的难处与不便；一意追问对方深藏心底的不愿启齿的秘密，一味探听对方秘而不宣的私事；忘记了"人亲财不亲"的古训，忽视朋友是感情一体而不是经济一体的事实，花钱不记你我，用物不分彼此。凡此等等，都是不尊重朋友，侵犯、干涉他人的坏现象。偶然疏忽，可以宽容，可以忍受；长此以往，必然导致朋友的厌恶和疏远。因此，好朋友之间也应恪守交友之道。

中国素称礼仪之邦，用礼仪来维护和表达感情是人之常情。当然，我们说好朋友之间也要相互尊重，并不是说在一切情况下都要僵守不必要的烦琐的礼仪，而是强调好友之间相互尊重，不能跨越对方的禁区。朋友相交，切记以下几点要引起足够的重视：

（1）过度表现，居高临下，使朋友的自尊心受到挫伤。

（2）过于散漫，不重自制，使朋友对你产生轻蔑、反感。

（3）不守约定，随便反悔，使朋友对你感到不可信赖。

（4）用语尖刻，乱寻开心，使朋友突然感到你可恶可恨。

（5）泛泛而交，择友不加选择，使朋友感到你是轻佻之人。

■ 帮助别人就是帮助自己

你在帮助别人解决问题的时候，也会帮助你自己解决问题，就像如果你肯付出价值100元的服务，那么你不但能够收回这100元，而且极有可能会收回好几倍。因为付出其实就是没有存折的储蓄。

从前有个生意人，他在集市上买了一头驴子和一匹高头大马。生意人望着趾高气扬的高头大马满心欢喜，他随手就把所有的货物都驮在了驴子背上。

走了一段，驴子感觉不堪重负，就对马说："我亲爱的伙伴，现在主人将所有的货物都放在我的身上，我实在背不动了，你能替我分担一些吗？"

"说不定主人马上就会骑到我背上来的，所以现在我不能帮助你啊。"马悠然地说。

就这样，又走了很长的一段路程，驴子实在坚持不住了，便再次气喘吁吁地对走在前面的马说："我的朋友，我真的有些坚持不住了，我真心地恳请你帮我分担一些货物吧。"

马听了驴子的话，似乎明显地不耐烦了："既然主人把货物都放在你的身上，就应该你驮着，你别总惦记着我，好不好？"

驴子听了马这毫无情意的话，加之难堪重负，竟一下子倒地死掉了。主人将驴子身上的货物全部取下来放在了马的背上，当然还有那条死掉的驴子的尸体也一块儿放在了马背上。这下马才知道了驴子的痛苦。当我们把自己的东西与别人分享时，我们得到的东西就会扩大、增加。就像我们帮助的人越多，我们得到的帮助也就越多。我们每个人都能够给他人提供帮助，帮助别人并不是只有富人才能够去做的。我们每个人都能以自己的一部分力量帮助别人。不管我们做什么工作，我们都可以在我们的心中培养一种炽烈的愿望去帮助他人。这些帮助有时是一次微笑、一句亲切的话，或是发自内心的温暖的感激、喝彩、鼓励、信任和称赞等。

有这样一个故事很是耐人寻味：一天，有个人被带去参观天堂和地狱，以便比较之后，能聪明地选择他的归宿。他先去看了魔鬼掌管的地狱。第一眼看上去令他十分吃惊，因为所有的人都坐在酒桌旁，桌上摆满了各种佳肴。

然而，当他仔细看那些人时，却发现这些人个个都是愁眉不展地坐在椅子边上，而且瘦得皮包骨。他再次好奇地打量着每一个人，才发现在每个人的左臂都捆着一把叉子，在右臂捆着一把刀，刀和叉子都有4尺长的把手，这使得他们不能用它来吃东西。所以即使每一样食物都在他们手边，结果还是吃不到口中，一直在受着饥饿的折磨。然后他又去了天堂，景象完全一样——同样的食物、刀、叉和那些四尺长的把手。然而，天堂里的居民却都在唱歌、欢笑。这位参观者一下子觉得困惑了，他怀疑为什么情况相同，结果却如此的不同。最后，他终于知道答案了。在地狱里的每一个人都试图喂自己，可是一刀、一叉，以及那4尺长的把手根本不可能吃到东西。在天堂里的每一个人却都在喂对面的人，而且也被对面的人所喂。因为互相帮助，结果也使自己吃到了可口的食物。

这个故事的道理很简单。如果我们帮助其他人获得了他们需要的东西，我们也会因此而得到自己想要的东西。而且我们帮助的人越多，我们所得到的也就越多。

一个年轻人，他在一家商店服务了4年，然而并未受到店方的赏识，因此他准备寻找其他的工作跳槽。在一个阴雨天气，一位老妇人走进了这家商店里避雨，并且在商店内闲逛起来。大多数的店员对老妇人都是爱理不理的。只有这位年轻人主动地向她打招呼，并很有礼貌地问她是否有需要他服务的地方。这位年轻人陪着老妇人逛了整个商店，对各种商品进行了讲解，并且主动为老妇人提着买来的各种物品。当老妇人离去时，这个年轻人还陪她到街上，替她把伞撑开。这位老妇人对他的服务和帮助极为满意，向他要了张名片，然后径自走了。

后来，这位年轻人完全忘记了这件事，而是开始寻找更好的工作。没想到有一天，他突然被老板叫到办公室，老板给他提供了一份更好的工作，而这份工作正是那位老妇人——一位富商的母亲亲自要求他担任的。

所以，你在付出的时候越是慷慨，你所得到的回报就越丰厚。要得到多少，你就必须先付出多少。任何东西只有先从你这儿流出去，才会有其他东西流进来。想想看，如果每个人都为他人付出，终其一生帮助他人，世界将会变得多么和谐美好啊！当然，付出必然会有回报的，我们每一个人也都会得到别人的帮助。

■ 人际交往的误区

人们学习知识，进入社会，了解自我，获得新生和爱情，这些都是在人际交往中发生的。没有与别人的交往，人类就无法生存。我们要想获得成功的人际关系，要想成为别人的朋友，就要求我们在人际交往中避免踏入人际关系的误区，以免妨碍朋友之间的友谊。

阿亮和阿明是从小一起长大的好朋友，又是同班同学。共同的兴趣爱好，使得他们总是形影不离。有一次，阿亮要集中精力备考奥数，但是身为宣传委员的他，又不能放下班级里面的板报工作。阿明看到了，便集齐人手在周末的时间里办好了板报，这一举动获得了班主任的好评。可是这时阿亮却找到阿明，用很严肃的口吻告诉他说，以后他的事情请他不要插手。本来，好好的朋友关系，却在阿明的"热心"之下变得不那么和谐了。或许阿明还会感到很委屈，可是他却没有意识到：并不是所有的人都愿意接受别人的帮助的，有时候你的善意甚至反而变成了一种刺激，严重时还会伤害到他人的自尊心。一位哲人说过："没有交际能力的人，就像陆地上的船，永远到不了人生的大海。"

对于如何在复杂的人际关系中自处和与他人相处，历来成为困扰人们的一个问题。对于如何能够建立良好的人际关系，不少的人感到迷茫，他们往往抱怨自己运气不好，怨天尤人，认为自己周围生活圈子里好人太少，无法进行满意的交往。实际上，主要是因为他们的交往过程中存在着许多的认知误区，就是这些严重地阻碍了人们之间关系的进一步发展。这些误区主要有：

一、言而无信

人与人之间的社会交流，是以相互信任为基础的。言而无信的人，在社交里最终都找不到他们自己的位置。

在当前的现实生活中，也常见这种不守信用的人，他今天答应给你买火车票，结果到时候连他的影子都找不到；他明天又邀请大家聚餐，而到时候赴宴的全来了，唯独他本人不到场。试问，长此以往，又有谁会愿意和这样的人交往呢？

二、自私

人际交往中的功利性，使有的人在与别人交往时处处从自己的利益着想，只关心自己的需要和利益，强调自己的感受，把别人当作自己达到目的、满足私欲的工具。不尊重他人的价值和人格，漠视他人的处境和利益。在交往中目中无人，与同伴相聚时，不顾场合，也不考虑别人的情绪，自己高兴时，高谈阔论，手舞足蹈；不高兴时，抑郁寡欢或乱发脾气。这种人在交往中，缺乏对自己的正确认识，无论他们多么精明，永远也不会与人建立牢固、持久、良好的人际关系。只有那些心地善良，待人以诚，能设身处地为别人着想的人，才可获得挚友。

三、易怒

喜怒哀乐，本是人之常情。但是随便发怒就会伤害和气和感情，会失去朋友之间的信任和亲近。随意发怒，强求别人来适应自己，或把自己的意见强加于别人，这本身就是一种不能平等对待自己和别人的心理，是一种不尊重别人和不讲文明礼貌的行为。能够抑制自己的情绪，是一个人的理智战胜感性的过程；而理智，则恰好是一个成功人士的特有标志。

四、冷漠、孤僻

有些人在与别人交往时，总喜欢把自己的真实思想、情感和需要掩盖起来，在他们看来，人世间的一切是那么无聊、令人厌倦，平淡、无意义。他们往往持有一种孤傲处世的态度，只注重自己的内心体验，他们的行为和习惯有时令人难以理解。这种人交往的失败就在于在心理上建立了一道屏障，把自我封闭起来，无法与别人沟通。因此，他们只有增加自我的透明度，敞开自己的心扉，用热情、坦诚去赢得别人的理解。适当的自我袒露可以增加个人的吸引力。

五、自卑、多疑

在生活中，有些人缺乏对自己的正确评价，往往对自己过于苛求，估计太低。如有些青年人感到自己的身体、相貌缺乏魅力，或感到自己能力欠缺，产生自卑心理，然而事实上，他们并不一定是没有魅力、能力差，或事业成就低下，反而是自己期望过高，不切实际，对别人的意见过于敏感，总是认为别人看不起自己。其实，在他们深层的心理体验里则是自己看不起自己，他们害怕挫折、失败，特别是在权威、强者或一些强词夺理的人面前，总是感到手足无措，有时则表现出一种戒备和敌对情绪。长此下去，他们就人为地把自己的交往范围限制在父母、家庭这样一个小圈子中，有的则会产生厌世心理。这样的人，必须要对自己有一个清醒的认识，接受自己，无论与任何人交往都要做到不亢不卑，不取悦别人，更不需要在别人面前炫耀自己。价值正是在于你的自身，并不随别人的评价而改变。这样，就能渐渐消除多疑心理，从而获得多数人的友谊。

六、恶语伤人

"良言一句三冬暖，恶语伤人六月寒。"口出恶言中伤别人，这是一种最不道德的行为，不但我们自己不该说，听到了这一类的话也不要随意传播。轻蔑粗鲁的语言使人感到侮辱，骄横高傲的语言使人与你疏远。所以我们应该使用好语言这一交流工具，尽量避免恶语损害别人的尊严，刺痛别人的神经和破坏彼此之间的关系。

七、嘲笑别人的生理缺陷

生理上存在缺陷的人由于行动不便，内心便充满了无尽的苦恼和忧伤，正因为如此，他们的性格一般都较为内向。这些在精神上给他们带来了沉重的负担，从而使他们对精神性的需要比物质需要更看重，更加特别地渴望得到真诚的友谊、尊重、信任和平等。当他们受到别人的嘲笑、冷遇或不公平的对待时，更容易引起哀怨或者其他情绪。也正因为如此，他们比正常人更需要别人的关心、帮助、支持和鼓励，这样才能使他们看到生命的价值和感到社会的温暖。

八、人际关系好也并非就是被周围所有的人都喜欢

强求被所有人欣赏，这本身就是一种完美主义的人际关系标准，在这个世界上，没有一个人能够被所有的人都欣赏。因为我们周围的

人都是各式各样的，每个人都有不同的价值观和行为准则，人们根本不可能符合每一个人的要求。相反，一个人要是真的被所有人欣赏，那他得是多么圆滑和虚伪啊!

第九章
站到更高的起点上

　　人生是一个过程，成功也是一个过程。你如果完成了小成功，就会推动大成功。成大事者懂得从小到大的艰辛过程，所以在实现了一个个小成功之后，能继续拆开下一个人生的"密封袋"。

■ 找准目标

在斯坦福大学里，曾经做过一个目标对人生影响的跟踪调查。调查的对象是一群智力、学历、环境等条件都相同的年轻人，在调查后发现：有27%的人没有目标，60%的人对自己的目标不确定，10%的人有清晰但比较短的目标，有3%的人有着清晰并且是长期的目标。

那27%没有自己目标的人群，几乎都生活在这个社会的最底层，他们没有像样的工作，经常失业，全靠国家的救济艰难地活着，并且他们还一直在抱怨说：这个世界和社会对他不公平。那60%目标模糊的人群，都生活在社会的中下层，他们过着安稳平和的日子，都没有什么特别好的成绩。

那10%的有清晰短期目标的人群，大多数都生活在中上层，他们有着很相似的地方，每个人都在不断达成自己短期的目标，生活的状态也一步步稳稳地上升，他们多成为各行各业不可缺少的成功人士，有的成为了医生，有的成为了军官，有的成为了律师，有的成为了主管等。

那3%的人群，30多年来，一直坚持自己的目标，从来都没有更改过，他们一直朝着自己确定的目标而努力，20多年后，他们几乎都成为了社会各界顶尖成功人士，他们都是行业的领袖和社会的精英。

不能确定自己目标的人，永远都不会取得成功，他们就像一群没有领头的雁群，找不到自己要去的方向。没有办法把握自己的人生，无法掌控和改变自己的命运。

这个世界上大部分没有成功的人并不是因为他们没有自己的理想与目标，相反他们的理想与目标或许还会比成功的人更多。那么为什么他们没有成功呢？答案很简单，正是因为他们的目标太多了，在实现目标的过程中他们通常会中途放弃，抱着侥幸的心理，可到最后其结果却是不尽如人意的。这就跟我们去旅行一样，首先我们要决定去哪里，然后去买到达目标地点的车票，如果你一直都不能够确定自己去的地点，那么你又怎么会买到车票，实现旅行的愿望呢？

其实我们的人生也是一个道理，只有确定好自己的目标后，你才能开始接近自己的理想，如果你只是看清目标，却没有办法确定下来，那么一切都将是空谈。只有真正地确定下自己的目标你才会知道自己要去哪里，才会开始自己人生的旅途。

有两个孩子一起学习画画，其中的一个每次听课都非常认真，他会把老师说的每一句话牢牢地记在心里。而另一个小孩虽然很聪明，可他每次都不认真听课，今天想做这个，明天又想做那个，始终确定不了自己的目标。一次老师带他们去野外学习画风景，一只兔子突然出现在他们的眼前，这个聪明的孩子放下了画笔跑着去追那只兔子。而那个专心学习的孩子却连看都没看一眼，他对眼前发生的一切浑然不觉，完全投入在学习之中。他仔细注意着老师的画笔，希望能学到更多的东西。结果可想而知，经过一段时间的刻苦学习，那个专注的孩子成了一名画家，而那个做事不认真的孩子却还是一事无成。

造成很多人迷失自己生活方向的真正原因，就是他们所要的和所想的太多，他们不能把自己定于一个方向，他们总是因为身边突如其来的事情而改变自己的目标。这是一件很糟糕的事情，会使我们对自己的事业失去专注，它会让我们对生活感到茫然，从而失去了很多放在眼前的机会。

如果一个人做事不专注，总是三心二意，那他永远不会有所成。一个人的精力是有限的，不可能同时完成几件事情，只有我们把精力集中在一件事上，才会发挥出最强大的力量。

在一个暑假里，妈妈给自己的两个儿子各分配了一项任务。哥哥的任务是把500元钱送给乡下的奶奶。弟弟的任务和大儿子的任务是一样的，只是他要把500元钱送给另一个村子的姥姥。在出发前妈妈叮嘱他们不要在路上浪费时间，一定要在一个星期内把钱送到。由于他们家里离奶奶和姥姥的家比较远，所以要坐四天的火车。妈妈知道两个儿子贪玩，怕他们中途下车去自己的同学家，才叮嘱他们一定要在一星期内把钱送到。妈妈把所有的事情交代完，让两个孩子一起出发了。

哥哥非常听话，他知道自己这次离开家要做的是什么。虽然路上有很多好玩的和好吃的，可他并没有忘记妈妈交给他的任务，他没有在中途下车而是直接到达了奶奶家。可弟弟却没有像哥哥一样听话，每路过一个地方，他都有下车去玩的冲动。终于在火车驶进一座城市的时候他下车了。他心想："反正时间还够用，先在这里玩两天再说，正好我有一个高中的同学也住在这儿。"下车后他就去找他的同学了。这里充满了新鲜的事物，好多东西他都没有接触过，他越玩越开心，妈妈交代他做的事情早就已经被他忘在脑后了。时间过得很快，一转眼一个星期马上就要过去了，这时候他才想到自己这次出来的任务，可现在时间已经不够了，没办法只有硬着头皮回去见妈妈了。

在规定的时间内两个人都回到了家里，不同的是一个完成了妈妈交代的任务，可另一个却没能完成。

妈妈对哥哥的表现非常满意，为了奖赏他，妈妈特意安排了他去一座很有名的城市去旅游，他可以在那里过完这个暑假。而弟弟不但没有受到这样的奖赏，还被妈妈痛骂了一顿。本来是想让他们两个一起去的，可为了惩罚他就取消了原来的计划，让弟弟留在家里帮妈妈干活。

当我们有了目标后，就应该专心地去完成它，只有专心地做一件事才会取得好的收益。只要我们认真专注地为目标努力，你就会发现实现目标变得轻松，因为你不会受到其他事情给你带来的压力和烦恼，你可以时刻保持清醒，可以把所有的精力都放在一个点上。只要我们确定目标专注完成，任何外界因素都干扰不了我们取得成功的决心。

首先确定好目标，接下来我们把自己全身的精力都集中在一件事情上，然后要做的事就是全力以赴去完成它，不论怎么样，下了决心的事就应该努力去做好，相信自己只要坚持就一定会取得成功。

■ 做正确的选择

人生处处是选择，当你从梦中醒来，睁开眼睛，你就在选择。选择几点起，穿哪件衣服去上班，早点吃些什么，周末看哪部电影，是去探望姐姐还是和朋友出去逛街，是去会会久违的大学同学，还是一个人在家里静静地听听音乐，看看自己喜欢的书籍。女孩子要在众多的追求者中考虑哪一位适合自己；男士要在许多的工作机会中找到自己满意的。这些选择有大有小，每一个选择连成串，累积起来就是你人生选择的结果。鲁迅弃医从文，成为文学巨匠；凡高放弃了他的传教事业，成了著名的画家。如果放弃是对生命的过滤，是对自己的重新认识和发现，那么选择是对生命的跨越，是对生活的主动驾驭。

林肯说："所谓聪明的人，就在于他懂得如何去选择。"

一个人，生存一世，如果没有做出正确的选择，就很难有宏大的目标，就做不成任何大事，要想一生取得辉煌的成就，就必须要做出正确的选择。

成功是一种选择，你选择了奋斗和坚持就是选择了成功，而不做这个选择便是选择失败，所以失败也是一种选择。

人生不过是一连串选择的过程，一个一个的选择，构成了我们今后的人生。为什么有的人穷困潦倒，有的人却功成名就？有的人在失败面前丧失了斗志，而有的人却从失败中站起，最终实现人生的辉煌？是运气、机遇，还是命运？

真正主宰我们的不是我们所遇到的事情，而是我们当时所做出的决定。

一位从美国回来的友人说："在美国生活的这几年，给我印象最为深刻的就是我们国人不会选择。"国内的一个代表团去美国考察，美国的工作人员问团长："先生，早餐想吃些什么？"团长回答说："随便吧！"工作人员感觉很疑惑，随便是什么呢？当问到行程安排的时候，回答依然是："随便吧！"而美国人到国内时，我们首先请客人喝茶，他们同样也感觉很疑惑："为什么不问我想喝些什么呢？白水、饮料、咖啡，即使是茶也有凉热之分吧！"

人生是需要选择的，也许选择的对与错，会决定成功与失败。可我们仍然要去选择。每个人都有自己的优点和缺点、短处和长处，在你的人生当中，是否因为没有做出正确的选择而错失了一些获得成功的机会？假如给你一种可以洞悉未来的力量，但是会要求你付出代价，你愿意吗？假如给你能够推算未来的力量，你能够把握住机会吗？只有用选择来开始每一天的生活，才能使你过个明明白白而非昏头昏脑的一天。相信在你的身上蕴藏着潜力，你要去追求更高的成功，在自我发展及自我成就的路上激流勇进，而这一切的起点，就是做出的选择。

布朗是美国一位成功的电影制片家，但他先后被三家公司革职，才体会到大机构的生活对他不合适。布朗开始仔细检讨自己的工作态度。他在大机构做事一向敢言、肯冒险，喜欢凭直觉做事。这些都是当老板的作风。他痛恨以委员会的形式统筹管理，也不喜欢企业心态。分析了失败的原因后，布朗自立门户，摄制了《大白鲨》《裁决》《天茧》等影片。事实证明，布朗并不是一位失败的公司行政人员，他天生是个企业家，过去只是做错了选择而已。

王安石的文章写得很好，可是命运安排他做了宋朝的宰相，领导了11世纪中期的一场改革，结果以失败告终，自己也被贬了官。如果他未曾从政，一心从事文学创作，那就肯定会成为大文豪，当时和后世对他的评价也许会更高。比尔·盖茨在哈佛大学读到大二的时候，却选择了放弃学业而从商，结果却成了世界首富。

所以说，选择决定成败。有什么样的选择，就有什么样的人生。面对困难，你可以选择放弃，也可以选择坚持；面对成功，你可以选择喜悦，也可以选择平静。现实我们没有能力去改变，但至少，我们可以选择面对现实的心境。我们没有办法控制他人，但至少能掌握自己思想的方向。

佛洛门在成功之初，想要演一场戏，是别人已经演过却挫败的戏，当他做出这个决定时，受到了一些内行人士的嘲笑，他们劝他不要做这种幼稚无知的事情，与其做这种事情，还不如在家大睡一觉。然而他并没有把他们的讥笑放在心上。

由于这部戏有过失败的历史，所以有许多戏院都把它从节目单中剔除了，它被认为是一部注定要失败的戏，可是佛洛门却花一大笔钱把剧本买过来。他有一个在戏剧界久负盛名的朋友，劝他不要演这出戏剧，他认为佛洛门的行为近乎白痴。最后，佛洛门用事实证明了他的勇敢并不是白痴的行为。当戏剧上演时，场景非常壮观，观众每天都挤得水泄不通，可以说是演艺界的空前盛况。

佛洛门是碰到好运了吗？他的行为是与赌博一样吗？不，是因为他坚信自己的选择，也勇于选择，他还知道自己的命运掌握在自己的手中。他认为："自己觉得已有十分把握时，尽可能不顾别人怎样批评，就是要勇敢地去做就行。"

在我们的一生中，没有必要去抱怨别人，毕竟抱怨别人不会改变任何现状，只会让我们沉浸在痛苦之中，航船总会遇到风浪，人生也是如此，面对困难，我们应该学会勇敢地面对。

人生中没有能不能，只有要不要。只要你一定要，你就一定能。面临失败时，该怎么做，取决于你的一念之间。

不同的两种心态，造就了不同的两种人生。我们的生活并非全部由生命所发生的事情来决定，而是由你自己面对生命的态度，还有你的心灵对待事情的态度来决定。态度决定我们人生的成功与失败，我们在接受心态的牵引。在我们前进的道路上，虽然我们无法改变环境，但却可以改变我们的心境，改变我们的态度。所以，一个人具有怎样的人生态度或者选择怎样的态度，就会得到怎样的人生。所以，谨慎你的选择，因为选择决定你的人生。

■ 选择适应自己的道路

我们每个人都有各自的才能，这就像是我们的天职，"我们做什么"是生命的质问，如果一个人位置不当，用他的短处而不是长处去生活，他就会在永久的卑微和失意中沉沦。就像要把一块方的木头塞进一个圆孔里一样别扭。

在这样的情况下，我们有两种选择，找到一个方孔，也就是变换自己的环境，使其适合我们的需要；或者就是把自己改变成一个圆的木头，去适应环境。

很多人会选择后者，选择改变自己去适应环境，似乎这样的成本更低，更何况环境是很难改变的。但是随着时间的流逝，在一个不适合自己的环境中削圆自己，适应环境，也许我们因此能比较舒适地生活，但是很可能和原本属于自己的成功失之交臂。

在人生的旅途中，确定一个适合自己的目标、适合自己的职业非常重要。一定要选择适合自己的事业，选择本身就是机会，只有选择正确的目标才能取得最大的成功。人们开始比以往更多地考虑从为数众多的可能性中为自己选择人生发展的方向。这种选择的过程就是一种决策过程，是将个人特点与事业需求最大限度地相匹配的过程。就像世上没有完全相同的两片树叶一样，世上也没有完全相同的两个人。每个人都具有独特的、与众不同的心理特点，也总存在着一些更适于他做的事业。

英国著名将领兼政治家威灵顿小的时候，连他母亲都认为他是低能儿。他几乎是学校里最差的学生。别人都说他迟钝、呆笨又懒散，好像他什么都不行。他没有什么特长，而且想都没想过要入伍参军，在他父母眼里，他的刻苦和毅力是他唯一可取的优点。但是在他46岁的时候，他打败了当时世界上最伟大的将军拿破仑。

"瓦特，我从没有见过你这么懒的年轻人。"他的祖母对小时候的瓦特这么说，"念书去吧，这样你才能有用一些。我看你有半个小时一个字也没有念。你这些时间在干什么？把茶壶盖拿起又盖上，盖上又拿起这是干什么？你用茶盘压住蒸汽，还在上面加上勺子，忙忙碌碌的，浪费时间玩这些幼稚的东西，你不觉得羞耻吗？"

祖母不止一次地教训瓦特，让他老实点念书。幸亏这位老妇人的教训失败了，全世界从她的失败中受益不浅。

伽利略是被送去学医的，但当他被迫学习解剖学和生理学的时候，还暗藏着欧几里得几何学和阿基米德数学，偷偷地研究复杂的数学问题。当他从比萨教堂上发现钟摆原理的时候，才18岁。

我们应该问一问自己到底要做什么，很多大学刚毕业的青年虽然对未来充满了向往，但是普遍的问题就是对自己定位不清，在网上海投简历，成为面试多次的"面霸"，等到参加工作，又不断地从一家公司换到另一家公司。

有一位工作不久的小姑娘，在不到3年的时间里跳槽了8次，却仍然无所适从。许多的朋友都有过类似的经历，总是怀疑自己付出的努力得不到好的结果。

所以，每个人都应该努力根据自己的特长来设计自己、量力而行。根据自身所处的环境、条件以及自己的才能、素质、兴趣等，确定进攻方向。不要埋怨环境与条件，应努力创造条件；不能坐等机会，要自己创造机会，拿出成果来，获得了社会的承认，事情就会好办一些。追求成功不仅要善于观察世界，善于观察事物，也要善于观察自己，了解自己。我们对自己定位不清就是因为我们对自己不够了解。专家对定位作了比较深刻的研究，提出了很多科学的建议。要彻底分析自己，准确评价自己，对自己的性格、个人能力、专业技能、思维能力等各方面全面考虑清楚。

我在一本书上看到过这样的一种观点："每个人都能在任何事业上获得成功，每种工作都能由任何人做好。"这种观点不用我说，大家都知道这是站不住脚的。很显然，一个患色盲症的人要成为画家是不可能的。另一种极端的观点认为，对于每个人来说，都存在着一种最佳的事业取向：对于每一种事业来说，都存在着一类最佳人选。这种观点也是站不住脚的。事实上，对于具有某种生理、心理特点的人来说，他都可能在若干事业上获得成功。例如，对于一个思维敏捷、长于言谈、性格外向、喜好与人交往、有感染力的人来说，他既可能在政治领域中获得成功，成为一位出色的政治家；他也可能在经济领域中获得成功，成为一位有名的企业家。对于某一种特定职业来说，也可能由具有非常不同的生理、心理特点的人来完成。例如，一个成功的军事家，既可能像苏沃洛夫那样具有暴躁、外向的性格，也可能像库图佐夫那样具有稳重、内向的性格。

因此可以这样认为，只有很少的人可以在一大部分工作上都能得到满足，获得职业上的成功；只有很少的工作（如马路清扫工作）是几乎任何人都可以胜任的。即使是马路清扫工作这种几乎什么人都可以胜任的工作，也并不能给所有的人（甚至不能给多数人）带来满足感。对于大多数人来说，总有一些事业更适合自己的特点；对于大多数事业来说，也总有一些更适于承担之人。因此，为了能够让自己做出正确的定位，获得人生的成功，有必要更多地了解和更准确地认识自己的心理特点，更多地了解自己的长处和短处。

■ 找准前进的方向

一个登山运动员在登山之前，一定要对登山路线进行详细的了解，否则，就难以到达顶峰。人生，也是如此。如果你不对自己的将来做出详细的规划，很可能会白忙一场，最后一事无成。

不能找准前进的方向，就如同在没有地图的情况下进行探险，即便是一个小小的岔路口都可能会使你迷失方向，走向更困难的境地。

梅森结婚不久，有几个很好的同事约他假期一起去露营。参加这次旅行的全部都是男人，梅森相信那是今天一般人称为"男人帮"或某些其他类似这种不太雅的术语。当时，他们从地质研究所拿来几张地图，然后他们便开始了这次旅程，到一个几乎没有人会去的地方去探险。

他们沿着崎岖的山路向上走。在探险途中，他们在一处峡谷里发现了一个特别美丽的天然温泉。向下流的泉水流下峭壁，形成了美丽的瀑布，注入清澈的池塘；另有两股滚热的矿泉在此汇流，不同的水温混合着早晨清新的空气，酝酿出奇异的蒸汽旋涡，弥漫在池塘上，使得周围一片烟雾朦胧，它是如此宁静祥和却又令人叹为观止。

"如此罕见的美丽景色，"梅森说，"要是能和妻子一起分享那会是多么浪漫的一件事啊！"于是他决定，下个周末一定要带妻子来一起欣赏这难得一见的美丽景色。

到了周末，梅森整理好行囊与妻子一起出发了。由于实在想马上让妻子见到那美丽的景色，他们走得很匆忙，临行时忘记了带上地图。妻子觉得这样很不安全，她觉得应该回去拿地图，但梅森向她保证不需要那样做，他坚定地说："我对那地方记忆非常深刻，相信我，我们会顺利到达的。"

结果事情并没有像梅森说的那样。没有了地图，梅森错过了一个弯路，由于这个失误，造成了一个接一个的错误，等到他们发觉不太对劲的时候，他们早已迷失了方向，好不容易转回到来时的路口，但天色早已晚了，而那天他们也就没能欣赏到那美如仙境的景色。

生活中人们也常常会犯类似的错误，很多人就是因为没能找准前进的方向，在通往成功的道路上走错了路，才导致错过了一次又一次千载难逢的机会，成功与幸福失之交臂。

法国著名的博物学家法布尔曾做过一项有趣的实验。他把一组毛虫放在一个花盆的边上，使它们首尾相连，这些毛虫便慢慢地围成了一个圆，一条跟着一条往前爬。然后，他又在花盆的旁边放了一些食物。但是这些毛虫却只知道跟着前面的一只往前爬。尽管食物就在它们的旁边，只要它们解散队伍便可得到了，但是它们却习惯了跟随。最后那些毛虫居然被活活饿死了。

这个实验很有趣，但是其结果却值得我们每个人深思。不论是动物还是人，如果不能把握自己人生方向的话，就只能忙碌一生，最终一无所获。哪怕眼前守着美食，也会让自己活活饿死。而我们只有确立了自己的目标，自己前进的方向，才能收获自己想要得到的东西。

但是，世上的路千万条，最难的就是找到属于自己的那条道路。每个人必须尽快找到属于自己的人生跑道，根据自己的特长、喜好来确定自己的位置。而一旦确立了目标，接下来要做的事就是全力以赴，直至驶达成功的彼岸。

每个人的命运都掌握在自己手里，能够有成就的人，首先是因为他们非常清楚自己前进的方向，并通过什么途径可以到达。他们不会在乎别人的品评，自己经受的苦难，只会把自己的目标作为自己前进的动力。我国南朝有名的唯物主义哲学家和无神论者范缜的《神灭论》出版后，朝野哗然，于是萧子良召集一些文人和高僧与他辩论，都不能取胜。于是萧子良就派王融去对他说："《神灭论》的观点是错误的，你坚持这样的观点也会对自己不利，像你这样的才能还怕做不到中书郎那样的高官吗？你何必坚持？还是放弃这样的说法吧。"范缜大笑说："假如范缜卖论取官，早就做到尚书或左、右仆射了，岂止做一个中书郎呢？"

人活在世上要活出点自己的个性和特色，要明确自己的目标和追求。伽利略可以为了自己的观点付出生命的代价，文天祥可以为民族尊严付出生命的代价。愿为自己的追求付出巨大代价的仁人志士大有人在，与他们比起来，我们为自己的追求所付出的又能算得了什么？

如果一个人及早下定决心，决定他生命的方向，然后坚定信念一直走下去，那他将会创造出真正属于他的地图。这样，即便是当他彷徨或身处难关时，也不会无所适从，因为他已经知道哪一条路可以指引他迈向已选定的目的地。

■ 适合自己的才是最好的

西方有句谚语：条条大路通罗马。意思是说，每个人成功的捷径都不尽相同，没有必要非要与别人去挤同一座独木桥。人生最重要的，就是在社会这个大舞台上找到自己的位置。你并不一定要当主角，因为主角未必适合你。哪怕只是一个小小的配角，如果你可以全心地演绎，也定可以收获属于自己的成功。毕竟，这个世界如果都是红花，就会显得过于单调。大多数人，都只是寂寞的绿叶。但是，却没有人可以因此而忽视那充满生命的颜色的存在，否则，这个五彩的世界就会黯淡许多。

人生，如同一个大舞台，生旦净末丑粉墨登场，每个人都在尽情演绎着自己。关键不在于你是否是主角，而在于你的演技是否精彩。

山不在高，在仙则名；水不在深，有龙则灵。人生的价值，也并非用金钱和权势才能衡量。位高爵显者，通常更能体会到高处不胜寒的无奈。

汽车大王福特自幼在农场帮父亲干活，12岁时，他就在头脑中构想用一种能够在路上行走的机器代替牲口和人力，而父亲和周围的人都要他到农场做助手。若他真的听从了父辈的安排，世间便少了一位伟大的工业家。但福特坚信自己可以成为一名机械师，于是他用1年的时间完成了其他人需要3年的机械师训练，随后又花了两年多时间研究蒸汽原理，试图实现他的目标，未获成功；后来他又投入汽油机研究上来，每天都梦想制造一部汽车。他的创意被大发明家爱迪生所赏识，邀请他到底特律公司担任工程师。

经过10年努力，在福特29岁时，成功地制造了第一部汽车引擎。

第二次世界大战当中，著名的精神病专家威廉·孟宁吉博士主持了美军陆军精神病治疗部门的工作。他说："我们在军队中发现了挑选和安排工作的重要性，就是说要使适当的人去从事一项适当的工作……最重要的是，要使人相信他工作的重要性。当一个人没有兴趣时，他会觉得被安排在一个错误的职位上，他便觉得不被欣赏和重视，他会相信他的才能被埋没了。在这种情况下，我们发现，他若没有患上精神病，也会埋下患精神病的种子。"可见，一个人如果不能给自己做一个正确的定位，不但在工作上难以有起色，在精神上也会给自己很大的压力。

那么，如何才能找到真正适合自己的呢？具体应该把握以下两点。

一是充分认识自己，做最适合自己特长的、自己最感兴趣的工作。每个人都有自己的特长和弱项，每个人也都有自己的兴趣和爱好。当我们在选择工作时，就要使自己的工作与其相吻合。比如对数字敏感的人可以做会计师或数学家；在语言方面有天赋的可以做个文学家或诗人；爱好音乐的人可以做个钢琴家；对线条敏感的人则可以做个设计师。如果让一个看到别人就不知道该把手放在哪儿的人去当外交家的话，肯定会闹出很多笑话。

兴趣是最好的老师。只有去做自己最擅长、最感兴趣的事，才能将自己的身心全部投入，也才能取得不错的成绩。

二是在工作中找到适合自己的位置，千万不可"才高震主"。能者多劳是对一个有才华的人的赞誉。你在工作中多做一些额外的工作也并非坏事，不仅可以让领导感到你有上进心，还可以让自己学到更多的知识。但是，切忌越俎代庖。因为，为了保证正常的运转，一个组织总会有自己的规则。每个人在自己的职责之内尽自己的职责。如果明明不该你管的事你却非要插手，就会让对方感觉很没面子。因为你的表现会让别人感觉他很没用，会让他很下不来台。所以，只要做好自己的本职工作就好了。当然，如果是不错的朋友，你可以出于好意去帮他，但是在帮他之前也应该事先征得他的同意。

马尔登说："现在就是你重估自己的时刻——你是什么样的人？你将何去何从？现在就是你认清怎样改善生活的时刻。"

通常人们总是以为外部世界是不易发现的，而自己对自己却了如指掌。事实上，大部分的人都不能彻底了解自己，也不知道自己真正想要的是什么。悲哀的是，有许多人因为不会给自己定位，在面临环境中的许多问题时，当然也不知道应该如何正确应付和处理，因而陷入失败的泥沼中。

我们每个人在这个世界上都有自己最合适的位置，关键是你有没有找准属于自己的舞台。据说，在希腊帕尔纳索斯山南坡上的神殿门上，写着这样一句话："认识你自己。"人们认为这句格言就是阿波罗神的神谕，古希腊哲学家苏格拉底最爱引用这句格言教育别人。他告诉人们，不认识自己就不会在生活中找准自己的舞台。在不适合自己生活的舞台上生活，那只会使人飘摇不定，使人找不到归宿。